中国古建全集

宗教建筑 3
简装版

金盘地产传媒有限公司 策划
广州市唐艺文化传播有限公司 编著

中国林业出版社
China Forestry Publishing House

前言

每一座古建筑都有它独特的形式语言，现代仿古建筑、新中式风格流行的市场环境，让这些建筑语言受到了很多人的追捧，但是如果开发商或者设计师只是模仿古建筑的表面形式，是很难把它们的精髓完全掌握的，只有真正了解这些建筑背后的传统文化，才能打造出引人共鸣、触动心灵的建筑。

本书从这一点着手，试图通过全新的图文形式，再次描摹我们老祖宗留下来的这些文化遗产。全书共十本一套，选取了220余个中国古建筑项目，所有实景都是摄影师从全国各地实拍而来，所涉及的区域之广、项目之全让我们从市场上其他同类图书中脱颖而出。我们通过高清大图结合详细的历史文化背景、建筑装饰设计等文字说明的形式，试图梳理出一条关于中国古建筑设计和文化的脉络，不仅让专业读者可以更好地了解其设计精髓，也希望普通读者可以在其中了解更多古建筑的历史和文化，获得更多的阅读乐趣。

全书主要是根据建筑的功能进行分类，一级分类包括了居住建筑、城市

公共建筑、皇家建筑、宗教建筑、祠祀建筑和园林建筑；在每一个一级分类下，又将其细分成民居、大院、村、寨、古城镇、街、书院、钟楼、鼓楼、宫殿、王府、寺、塔、道观、庵、印经院、坛、祠堂、庙、皇家园林、私家园林、风景名胜等二级分类；同时我们还设置了一条辅助暗线，将所有的项目编排顺序与其所在的不同区域进行呼应归类。

而在具体的编写中，我们则将每一建筑涉及到的历史、科技、艺术、音乐、文学、地理等多方面的特色也重点标示出来，从而为读者带来更加新颖的阅读体验。本书希望以更加简明清晰的形式让读者可以清楚地了解每一类建筑的特色，更好地将其运用到具体的实践中。

古人曾用自己的纸笔有意无意地记录下他们生活的地方，而我们在这里用现代的手段去描绘这些或富丽、或精巧、或清幽、或庄严的建筑，它们在几千年的历史演变中，承载着中国丰富而深刻的传统思想观念，是民族特色的最佳代表。我们希望这本书可以成为读者的灵感库、设计源，更希望所有翻开这本书的人，都可以感受到这本书背后的诚意，了解到那些独属于中国古建和传统文化的故事！

导语

中国古建筑主要是指1911年以前建造的中国古代建筑，也包括晚清建造的具有中国传统风格的建筑。一般来说，中国古建筑包括官式建筑与民间建筑两大类。官式建筑又分为设置斗拱、具有纪念性的大式建筑，与不设斗拱、纯实用性的小式建筑两种。官式建筑是中国古代建筑中等级较高的建筑，其中又分为帝王宫殿与官府衙署等起居办公建筑；皇家苑囿等园林建筑；帝王及后妃死后归葬的陵寝建筑；帝王祭祀先祖的太庙、礼祀天地山川的坛庙等礼制建筑；孔庙、国子监及州学、府学、县学等官方主办的教育建筑；佛寺、道观等宗教建筑多类。民间建筑的式样与范围更为广泛，包括各具地方特色的民居建筑；官僚及文人士大夫的私家园林；按地方血缘关系划分的宗祠建筑；具有地方联谊及商业性质的会馆建筑；各地书院等私人教育性建筑；位于城镇市井中的钟楼、市楼等公共建筑；以及城隍庙、土地庙等地方性宗教建筑，都属于中国民间古建筑的范畴。

中国古建筑不仅包括中国历代遗留下来的有重要文物与艺术价值的构筑，也包括各个地区各个民族历史上建造的具有各自风格的传统建筑。古代中国建筑的历史遗存，覆盖了数千年的中国历史，如汉代的石阙、石墓室；南北朝的石窟寺、砖构佛塔；唐代的砖石塔与木构佛殿等等。唐末以来的地面遗存中，砖构、石构与木构建筑保存的很多。明清时代的遗构中，更是完整地保存了大量宫殿、园林、寺庙、陵寝与民居建筑群，从中可以看出中国建筑发展演化的历史。同时，中国是一个多民族的国家，藏族的堡寨与喇嘛塔，维吾尔族的土坯建筑，蒙古族的毡帐建筑，西南少数民族的竹楼、木造吊脚楼，都是具有地方与民族特色的中国古建筑的一部分。

古建筑演变史

中国古建筑的历史，大致经历了发生、发展、高潮与延续四个阶段。一般来说，先秦时代是中国古建筑的孕育期。当时有活跃的建筑思想及较宽松的建筑创造环境。尤其是春秋战国时期，各诸侯国均有自己独特的城市与建筑。秦始皇一统天下后，曾经模仿六国宫室于咸阳北阪之上，反映了当时建筑的多样性。秦汉时期是中国古建筑的奠基期。这一时期建造了前所未有的宏大都城与宫殿建筑，如秦代的咸阳阿房前殿，"上可以坐万人，下可以建五丈旗，周驰为阁道，自殿下直抵南山，表南山之巅以为阙"，无论是尺度还是气势，都十分雄伟壮观。汉代的未央、长乐、建章等宫殿，均规模宏大。

魏晋南北朝时期，是中外交流的活跃期，中国古建筑吸收了许多外来的影响，如琉璃瓦的传入、大量佛寺与石窟寺的建造等。隋唐时期，中外交流与融合更达到高潮，使唐代建筑呈现了质朴而雄大的刚健风格。

如果说辽人更多地承续了唐风，宋人则容纳了较多江南建筑的风韵，更显风姿卓约。宋代建筑的造型趋向柔弱纤秀，建筑中的曲线较多，室内外装饰趋向华丽而繁细。宋代的彩画种类，远比明清时代多，而其最高规格的彩画——五彩遍装，透出一种"雕焕之下，朱紫冉冉"的华贵气氛。在建筑技术上，宋代已经进入成熟期，出现了《营造法式》这样的著作。建筑的结构与造型，成熟而典雅。到了元代，中国古建筑受到新一轮的外来影响，出现如磨石地面、白琉璃瓦屋顶，及棕毛殿、维吾尔殿等形式。但随之而来的明代，又回到中国古建筑发展的旧有轨道上。明清时代，中国古建筑逐渐走向程式化和规范化，在建筑技术上，对于结构的把握趋于简化，掌握了木材拼接的技术，对砖石结构的运用，也更加普及而纯熟；但在建筑思想上，则趋于停滞，没有太多创新的发展。

中西古建筑差异

在世界建筑文化的宝库中,中国古建筑文化具有十分独特的地位。一方面,中国古建筑文化保持了与西方建筑文化(源于希腊、罗马建筑)相平行的发展;另一方面,中国古建筑有其独树一帜的结构与艺术特征。

世界上大多数建筑都强调建筑单体的体量、造型与空间,追求与世长存的纪念性,而中国古建筑追求以单体建筑组合成的复杂院落,以深宅大院、琼楼玉宇的大组群,创造宏大的建筑空间气势。所以,如梁思成先生的巧妙比喻,"西方建筑有如一幅油画,可以站在一定的距离与角度进行欣赏;而中国古建筑则是一幅中国卷轴,需要随时间的推移慢慢展开,才能逐步看清全貌"。

中国古建筑文化中,以现世的人居住的宫殿、住宅为主流,即使是为神佛建造的道观、佛寺,也是将其看作神与佛的住宅。因此,中国古建筑不用骇人的空间与体量,也不追求坚固久远。因为,以住宅为建筑的主流,建筑在平面与空间上,大都以住宅为蓝本,如帝王的宫殿、佛寺、道观,甚至会馆、书院之类的建筑,都以与住宅十分接近的四合院落的形式为主。其单体形式、院落组合、结构特征都十分接近,分别只在规模的大小。

中国古代建筑中,除了宫殿、官署、寺庙、住宅外,较少像古代或中世纪西方那样的公共建筑,如古希腊、罗马的公共浴场、竞技场、图书馆、剧场;或中世纪的市政厅、公共广场,以及较为晚近的歌剧院、交易所等。这是因为古代中国文化是建立在农业文明基础之上,较少有对公共生活的追求;而古希腊、罗马、中世纪及文艺复兴以来的欧洲城市则是典型的城市文明，倾向于对公共领域建筑空间的创造。这一点也正体现了中国古代建筑文化与希腊、罗马及西方中世纪建筑文化的分别。

古建结构特色

　　古建筑是一门由大量物质堆叠而成的艺术。古建筑造型及空间艺术之基础，在于其内在结构。中国古建筑的主流部分是木结构。无论是宫殿、宗庙，或陵寝前的祭祀殿堂，还是散落在名山大川的佛寺、道观，或民间的祠堂、宅舍等，甚至一些高层佛塔及体量巨大的佛堂，乃至一些桥梁建筑等，都是用纯木结构建造的。

　　中国传统的木结构，是一种由柱子与梁架结合而成的梁柱结构体系，又分为抬梁式、穿斗式、干栏式与井干式四种形式，而以抬梁式与穿斗式结构最为多见。

　　早在秦汉时期的中国，就已经发展了砖石结构的建筑。最初，砖石结构主要用于墓室、陵墓前的阙门及城门、桥梁等建筑。南北朝以后出现了大量砖石建造的佛塔建筑。这种佛塔

在宋代以后渐渐发展成"砖心木檐"的砖木混合结构的形式。隋代的赵州大石桥，在结构与艺术造型上都达到了很高的水平。砖石结构大量应用于城墙、建筑台基等是五代以后的事情。明代时又出现了许多砖石结构的殿堂建筑——无梁殿。

　　传统中国古建筑中，还有一种独具特色的结构——生土建筑。生土建筑分版筑式与窑洞式两种，分布在甘肃、陕西、山西、河南的大量窑洞式建筑，至今还具有很强的生命力。生土建筑以其节约能源与建筑材料、不构成环境污染等优势，被现代建筑师归入"生态建筑"的范畴。

三段式建筑造型

　　传统中国古建筑在单体造型上讲究比例匀称，尺度适宜。以现存较为完整的明清建筑为例，明清官式建筑在造型上为三段式划分：台基、屋身与屋顶。建筑的下部一般为一个砖石的台基，台基之上立柱子与墙，其上覆盖两坡或四坡的反宇式屋顶。一般情况下，屋顶的投影高度与柱、墙的高度比例约在1∶1左右。台基的高度则视建筑的等级而有不同变化。

"方圆相涵"的比例

　　大式建筑中，在柱、墙与屋顶挑檐之间设斗拱，通过斗拱的过渡，使厚重的屋顶与柱、墙之间，产生一种不即不离的效果，从而使屋顶有一种飘逸感。宋代建筑中，十分注意柱子的高度与柱上斗拱高度之间的比例。宋《营造法式》还明确规定"柱高不逾间之广"，也就是说，柱子的高度与开间的宽度大致接近，因而，使柱子与开间形成一个大略的方形，则檐部就位于这个方形的外接圆上，使得屋檐距台基面的高度与柱子的高度之间，处于一种微妙的"方圆相涵"的比例关系。

　　中国古建筑既重视大的比例关系，也注意建筑的细部处理。如台明、柱础的细部雕饰，额方下的雀替，额方在角柱上向外的出头——霸王拳，都经过细致的雕刻。额方之上布置精致的斗拱。檐部通过飞椽的巧妙翘曲，使屋顶产生如《诗经》"如翚斯飞"的轻盈感，屋顶正脊两端的鸱吻，四角的仙人、走兽雕饰，都使得建筑在匀称的比例中，又透出一种典雅与精致的效果。

台基

　　台基分为两大类：普通台基和须弥座台基。普通台基按部位不同分为正阶踏跺、垂手踏跺和抄手踏跺，由角柱石、柱顶石、垂带石、象眼石、砚窝石等构件组成。须弥座从佛像底座转化而来，意为用须弥山来做座，象征神圣高贵。须弥座台基立面上的突出特征是有叠涩，从内向外一层皮一层皮的出跳，有束腰，有莲瓣，有仰、覆莲，再下面还有一个底座。在重要的建筑如宫殿、坛庙和陵寝，都采用须弥座台基形式。

屋顶

中国古代木构建筑的屋顶类型非常丰富，在形式、等级、造型艺术等方面都有详细的规定和要求。最基本的屋顶形式有四种：庑殿顶、歇山顶、悬山顶和硬山顶。还有多种杂式屋顶，如四方攒尖、圆顶、十字脊、勾连搭、工字顶、盔顶、盝顶等，可根据建筑平面形式的变化而选用，因而形成十分复杂、造型奇特的屋顶组群，如宋代的黄鹤楼和滕王阁，以及明清紫禁城角楼等都是优美屋顶造型的代表作。为了突出重点，表示隆重，或者是为了增加园林建筑中的变化，还可以将上述许多屋顶形式做成重檐（二层屋檐或三层屋檐紧密地重叠在一起）。明清故宫的太和殿和乾清宫，便采用了重檐庑殿屋顶以加强帝王的威严感；而天坛祈年殿则采用三重檐圆形屋顶，创造与天接近的艺术气氛。

古建筑布局

中国古代建筑具有很高的艺术成就和独特的审美特征。中国古建筑的艺术精粹，尤其体现在院落与组群的布局上。有别于西方建筑强调单体的体量与造型，中国古建筑的单体变化较小，体量也较适中，但通过这些似乎相近的单体，中国人创造了丰富多变的庭院空间。在一个大的组群中，往往由许多庭院组成，庭院又分主次：主要的庭院规模较大，居于中心位置，次要的庭院规模较小，围绕主庭院布置。建筑的体量，也因其所在的位置而不同，而古代的材分（宋代模数）制度，恰好起到了在一个建筑组群中，协调各个建筑之间体量关系的有机联系。居于中心的重要建筑，用较高等级的材分，尺度也较大；居于四周的附属建筑，用较低等级的材分，尺度较小。有了主次的区别，也就有了整体的内在和谐，从而造出"庭院深深深几许"的诗画空间和艺术效果。

色彩与装饰

中国古建筑还十分讲究色彩与装饰。北方官式建筑，尤其是宫殿建筑，在汉白玉台基上，用红墙、红柱，上覆黄琉璃瓦顶，檐下用冷色调的青绿彩画，正好造成红墙与黄瓦之间的过渡，再衬以湛蓝的天空，使建筑物透出一种君临天下的华贵高洁与雍容大度的艺术氛围。而江南建筑用白粉墙、灰瓦顶、赭色的柱子，衬以小池、假山、漏窗、修竹，如小家碧玉一般，别有一番典雅精致的艺术效果。再如中国古建筑的彩画、木雕、琉璃瓦饰、砖雕等，都是独具特色的建筑细部，这些细部处理手法，又因不同地区而有各种风格变化。

古建筑哲匠

中国古代建筑以木结构为主，着重榫卯联接，因而追求结构的精巧与装饰的华美。所以，有关中国古建筑的记述，十分强调建筑匠师的巧思，所谓"鬼斧神工"、"巧夺天工"，

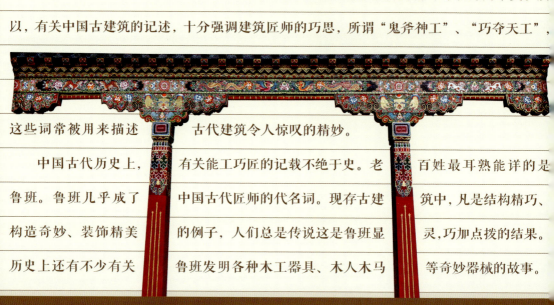

这些词常被用来描述古代建筑令人惊叹的精妙。

中国古代历史上，有关能工巧匠的记载不绝于史。老百姓最耳熟能详的是鲁班。鲁班几乎成了中国古代匠师的代名词。现存古建筑中，凡是结构精巧、构造奇妙、装饰精美的例子，人们总是传说这是鲁班显灵，巧加点拨的结果。历史上还有不少有关鲁班发明各种木工器具、木人木马等奇妙器械的故事。

见于史书记载的著名哲匠还有很多,如南北朝时期北朝的蒋少游,他仅凭记忆就将南朝华丽的城市与宫殿形式记忆下来,在北朝模仿建造。隋代的宇文恺一手规划隋代大兴城(即唐代长安城)与洛阳城,都是当时世界上最宏大的城市。宋代著名匠师喻皓设计的汴梁开宝寺塔匠心独运。元代的刘秉忠是元大都的规划者;同时代来自尼泊尔的也黑叠尔所设计的妙应寺塔,是现存汉塔中最古老的一例。明代最著名的匠师是蒯祥,曾经参与明代宫殿建筑的营造。另外明代的计成是造园家与造园理论家。他写的《园冶》一书,为我们留下了一部珍贵的古代园林理论著作。与蒯祥相似的是清代的雷发达,他在清初重建北京紫禁城宫殿时崭露头角,此后成为清代皇家御用建筑师。当然还有中国现代著名建筑学家、建筑史学家和建筑教育家梁思成。这些名留青史的建筑哲匠和学者,真正反映了中国古建筑辉煌的一页。

古建筑与其他

中国古建筑具有悠久的历史传统和光辉的成就。我国古代的建筑艺术也是美术鉴赏的重要对象,而中国古代建筑的艺特点是多方面的。比如从文学作品、电影、音乐等中,均可以感受到中国建筑的气势和优美。例如初唐诗人王勃的《滕王阁序》,还有唐代杜牧的《阿房宫赋》、张继的《枫桥夜泊》、刘禹锡的《乌衣巷》,北宋范仲淹的《岳阳楼记》以至近代诗人卞之琳的《断章》等,都叫人赞叹不绝,让大家从文学中领会中国古建筑的瑰丽。

目录

宗教建筑 之 佛寺

西藏拉萨大昭寺	22
西藏拉萨色拉寺	32
西藏拉萨哲蚌寺	42
西藏拉萨甘丹寺	54
西藏拉萨楚布寺	70
西藏拉萨小昭寺	82
西藏拉萨卓玛拉康	94
西藏拉萨止贡提寺	104

中 国 古 建 全 集

西藏江孜县白居寺	112
西藏昌都强巴林寺	122
西藏拉孜县平措林寺	134
西藏日喀则扎什伦布寺	142
西藏日喀则萨迦寺	150
西藏山南桑耶寺	160
西藏山南昌珠寺	174
西藏山南康松桑康林寺	186
西藏山南扎塘寺	194
青海西宁塔尔寺	204
青海黄南隆务寺	228
青海西宁却藏寺	248

目录

宗教建筑之 道观

北京火德真君庙	260
陕西西安八仙宫	276
四川成都青羊宫	292
上海城隍庙	312
湖北十堰武当山宫观	326
江苏苏州玄妙观三清殿	348

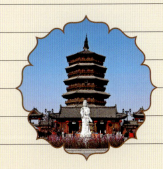

佛塔

宗教建筑 之

山西应县释迦塔	364
宁夏银川海宝塔	374
宁夏银川拜寺口双塔	390
浙江杭州六和塔	398
江西南昌绳金塔	412

宗教

中国古建全集

建筑

中国古代存在过多种宗教，其中，拥有信徒较多、影响较大的宗教有佛教、道教、伊斯兰教。由于其不同的教义和使用要求，它们在中国的建筑各有特点，表现为不同的总体布局和建筑式样。其中，佛教建筑和伊斯兰教建筑具体细分为寺、塔、石窟、佛亭、陵墓、印经院。佛教有汉传佛教、南传佛教、藏传佛教等分支，同时受不同地理环境的影响，其建筑特点亦有差异。我国现存的佛教建筑数量巨大，在布局上一般是由主殿、配殿等组成的对称的多进院落形式。

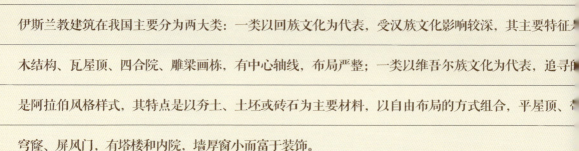

伊斯兰教建筑在我国主要分为两大类：一类以回族文化为代表，受汉族文化影响较深，其主要特征是木结构、瓦屋顶、四合院、雕梁画栋，有中心轴线，布局严整；一类以维吾尔族文化为代表，追寻的是阿拉伯风格样式，其特点是以夯土、土坯或砖石为主要材料，以自由布局的方式组合，平屋顶、穹窿、屏风门，有塔楼和内院，墙厚窗小而富于装饰。

单从字面上讲，宗教建筑中的"寺"包括汉传佛寺、藏传佛寺和清真寺。汉传佛寺是汉传佛教僧侣供奉佛像、佛骨，进行宗教活动和居住的处所，到了明清时期又叫寺庙。汉传佛寺有明显的纵中轴线，从主要出入口"三门"开始，沿轴线纵列数重殿阁，中间连以横廊，划分成几进院落，构成全寺主体部分。较大寺院在主体殿阁两侧，仿宫殿中廊院式布局，对称排列若干较小的"院"，主院和各小院均绕以回廊，廊内有壁画，有的还附建配殿或配楼。藏传佛寺，一般俗称为喇嘛庙。这类佛教寺庙又可以分为三种：第一种为汉式建筑的喇嘛庙，如北京的雍和宫。它们的总体布局，与汉传佛教寺庙相差列儿；第二种为汉藏建筑结合式，如河北承德普宁寺、普乐寺等。寺的前部为典型的汉族建筑形式，寺的后部为典型的藏式建筑形式；第三种为藏式建筑，如拉萨布达拉宫、日喀则扎什伦布寺。但这类寺庙也并非纯藏式建筑，其中也融入了数量不等的汉族建筑形式。前两种喇嘛庙在我国的数量不多。

清真寺是伊斯兰教徒做礼拜的地方。清真寺的主体建筑是礼拜大殿,方向朝向麦加克尔白。较大的清真寺还有宣礼塔,塔顶呈尖形,又称尖塔。清真寺多为穹窿建筑,多数是由分行排列的方柱或圆柱支撑的一系列拱门,拱门又支撑着圆顶、拱顶。建筑物外表,敷以彩色或其他装潢。

佛塔、石窟、佛亭、印经院等,均为佛教建筑的典型形式,佛塔最早用来供奉和安置舍利、经文和各种法物,造型多样;石窟是一种就着山势开凿的寺庙建筑,里面有佛像或佛教故事的壁画;佛亭主要为高僧授经和商定宗教重大活动的场所;印经院则为印制经文的地方,集中了佛教的文化和思想。

道教的宫观建筑是从古代中国传统的宫殿、神庙、祭坛建筑发展而来的,是道教徒祭神礼拜的场所,也是他们隐居、修炼之处所。宫观虽然规模不等,形制各异,但总体上却不外以下三类:宫殿式的庙宇;一般的祠庙;朴素的茅庐或洞穴。三者在建筑规模上有很大区别,但其目的与功用却是统一的。道教宫观大多为我国传统的群体建筑形式,即由个别的、单一的建筑相互连接组合成的建筑群。这种建筑形式从其个体来看,是低矮的、平凡的,但就其整体建筑群来讲,却是结构方正,对称严谨。这种建筑形象,充分表现了严肃而井井有条的传统理性精神和道教徒追求平稳、安静的审美心理。

《宗教建筑》共有三册,选取近百个项目,分为佛寺、道观与佛塔三大类一一呈现,并按照北方区域、江南区域、岭南区域以及西南区域进行划分,作对比研究,让读者通过追溯宗教的历史以及建筑史来充分感受宗教建筑文化,品味那古老而不失韵味的宗教建筑。

佛寺

公元六世纪中后期，佛教传入西藏并奠定了[]西藏政教合一的政权形式。佛教在广大的[]民心目中拥有至高无上的地位。因此，无论从建筑技术、建筑规模、建筑艺术、建筑文化等各方面藏传佛教寺院建筑都代表着藏式建筑的最高水平。藏传佛教在西藏拥有行政权力、文化教育的职能，故藏传佛寺建筑的内容组成与汉传佛寺有很大不同。一座藏传佛教寺院内包括有信仰中心——佛殿、佛塔；宗教教育建筑——学院（藏语为"扎仓"）；管理机构——活佛公署，以及辩经场、僧舍、库房、厨房、管理用房等。达赖、班禅经常驻锡的寺院内尚有宫室建筑（藏语称"颇章"）。有的寺院内拥有数个学院及佛殿，故一般藏传[]寺院的规模较大，气势非凡。

藏传佛教之所以气势非凡，一个重要原因是[]选址。绝大多数佛寺都是依山或坡建立随着山势坡度的起伏，[]寺内的建筑也呈现出高低起伏、错落有致。另一个原因是其富丽堂皇的建筑特色。佛寺建筑的顶上，尤其重要的佛殿、灵塔殿上，一般都有巨大的鎏金铜瓦的金色屋顶，灿烂辉煌。在金顶的屋脊装饰着铜鸟、宝瓶、金鹿法轮等，屋脊四角翘起，悬着随风而响的铜铃和铁板。除了金顶，一些建筑顶部还盖有金阁、金亭，富丽堂皇。藏传佛教寺院广泛分布在我国的西藏、青海、川西、甘南、内蒙等藏传佛教传播的地区，极大地丰富了中国宗教建筑的多样性。

藏传佛寺在总体布局设计上与汉地佛寺有很大不同，完全区别于汉式寺院组群上采用的"伽[]

中 国 古 建 全 集

二堂"的标准布局；藏式寺院建筑典型的布局形式是自由发展的开放式布局，在平面布局上无统一规划。藏传佛寺建筑特征为：（1）单体建筑的经堂、佛殿、僧舍，为木柱支撑、密檐平顶的碉房式建筑。墙壁厚实、收分大，剖面呈梯形。墙面上修有许多盲窗（假窗），并加上许多横向装饰。（2）在建筑群体上没有中轴线，没有对称的房屋布局，也没有层层重叠的四合院。主体建筑为佛殿和扎仓，居于寺内的重要位置。其他建筑，如活佛住处、办公处、喇嘛们住处、印经院、讲经院、讲经坛、塔等，则围绕殿和扎仓布列。外面有厚墙环绕，酷似城堡。（3）立面看，往往是开井空筒式佛殿建筑。因藏传佛教寺庙的大殿内贡奉佛像高大，但进深很小，故内部呈空筒式，在空筒四周又修有层数不等的围廊。各层围廊间，有楼梯相通，可以逐层上达。（4）重要藏传佛教寺庙，又是过去地方政府所在地。（5）藏传佛教寺还有少数圆墙围绕，中间是大殿或塔。

藏传佛教建筑是一个博大精深的建筑体系，本章节通过十几个具有代表性的藏传佛寺，秉着肩负传承责任的态度来认真挖掘藏传佛教建筑，为藏传佛教建筑这个藏族先人留给中华民族的瑰宝永放光彩尽一份力。

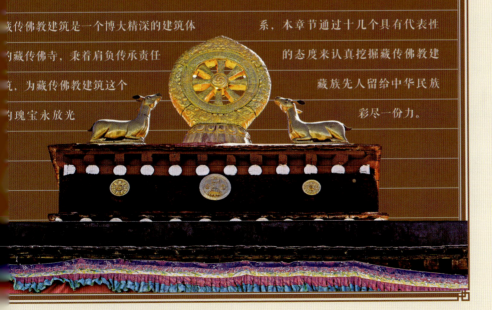

西藏拉萨大昭寺

金楼尖顶琉璃墙
千载遗风重彩装
雕画唐卡四壁美
青稞酥油满园香

大昭寺，又名"祖拉康"（藏语意为经堂）、"觉康"（藏语意为佛殿），位于拉萨老城区中心，是一座藏传佛教寺院。它是西藏现存最辉煌的吐蕃时期的建筑，也是西藏最早的土木结构建筑，并且开创了藏式平川式的寺庙布局规式。在建筑风格方面既有唐代汉族风格的金顶、斗拱，又有西藏样式的碉楼、雕梁及呈现尼泊尔和印度寺院特点的木雕伏兽和人面狮身，大昭寺可谓融合了多朝代多国家的建筑风格。

历史文化背景

大昭寺始建于唐贞观二十一年（647年），是吐蕃王松赞干布下令所建。建造的目的据传说是为了供奉一尊明久多吉佛像，即释迦牟尼8岁等身像，该佛像是当时的吐蕃王松赞干布迎娶的尼泊尔尺尊公主从加德满都带来的。拉萨之所以有"圣地"之誉，与这座佛像有关。寺庙最初称"惹萨"，后来惹萨又成为这座城市的名称，并演化成今天的"拉萨"。现在大昭寺内供奉的是文成公主从大唐长安带去的释迦牟尼12岁等身像，而尼泊尔带去的8岁等身像于8世纪被转供奉在小昭寺。

大昭寺建造时以山羊驮土，共修建了3年有余。因藏语中称山羊为"惹"，称土为"萨"，为了纪念白山羊的功绩，佛殿最初名为"惹萨"，后改称"祖拉康"（经堂），又称"觉康"（佛殿），全称为"惹萨噶喜墀囊祖

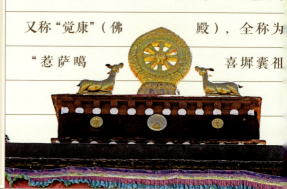

拉康"，意即由山羊驮土而建的。"大昭"的名字据说与始于15世纪的"传昭大法会"有关。大昭寺建成后，经过元、明、清历朝屡加修改扩建，才形成了现今的规模。

建筑布局

大昭寺是西藏现存最辉煌的吐蕃时期的建筑，也是西藏最早的土木结构建筑，并且开创了藏式平川式的寺庙布局规式。它的布局方位与汉地佛教的寺院不同，其主殿是坐东面西的。主殿高四层，两侧列有配殿，布局结构上再现了佛教中曼陀罗坛城的宇宙理想模式。寺院内的佛殿主要有释迦牟尼殿、宗喀巴大师殿、松赞干布殿、班旦拉姆殿、神羊热姆杰姆殿、藏王殿等等。寺内各种木雕、壁画精美绝伦。

由正门进入大昭寺后沿顺时针方向可进入一宽阔的露天庭院，庭院四周的柱廊廊壁与转经回廊廊壁上的壁画，因满绘千佛佛像而被称为千佛廊。整座大昭寺的壁画有4 400余平方米。

继续右绕，穿过两边的夜叉殿和龙王殿便是著名的"觉康"佛殿。它既是大昭寺的主体，又是大昭寺的精魂之所在。佛堂呈密闭院落式，楼高四层，中央为大经堂，大经堂的四周俱为小型佛堂，除位于正中心的释迦牟尼佛堂外，开间均不大但布置简洁。

沿千佛廊绕"觉康"佛殿转一圈"囊廊"方为圆满。这便是拉萨内、中、外三条转经道中的"内圈"。拉萨主要的转经活动都是以大昭寺的释迦牟尼佛像为中心而进行的，除"内圈"外围绕大昭寺则为"中圈"即"八廓"，也就是古老而热闹的商业街——八角街，而围尧大昭寺、药王山、布达拉宫、小昭寺则称为"外圈"，即"林廓"，已绕拉萨城大半。

建筑设计特色

　　大昭寺是西藏最古老的一座仿唐式汉藏结合木结构建筑,建筑大体由门廊、庭院、佛殿、回廊、天井及分布在四周的僧舍等组成。主殿高4层,鎏金铜瓦顶,辉煌壮观。整个建筑中金顶、斗拱为典型的唐代汉族风格,而碉楼、雕梁则是西藏样式,主殿二、三层檐下排列成行的103个木雕伏兽和人面狮身,又呈现尼泊尔和印度的风格特点。寺内有长近千米的藏式壁画《文成公主进藏图》和《大昭寺修建图》,还有两幅明代刺绣的护法神唐卡,这是藏传佛教格鲁派供奉的密宗之佛中的两尊,为难得的艺术珍品。大昭寺融合了藏、唐、尼泊尔、印度的建筑风格,成为藏式宗教建筑的千古典范。

【史海拾贝】

　　在大昭寺前面的小广场里有一块著名的唐蕃会盟碑,高3.42米,宽0.82米,厚0.35米,唐长庆三年(823年)用藏汉两种文字刻写。

　　公元9世纪,唐朝与吐蕃王朝达成和好,以求"彼此不为寇敌,不举兵革"、"务令百姓安泰,所思如一"和"永崇甥舅之好"之目的。当时的赞普赤德祖赞为表示两国人民世代友好之诚心,立此碑于大昭寺前,碑文朴实无华,言辞恳切,现碑身已有风化,但大多数碑文仍清晰可辨。碑的旁边有一棵柳树,相传由文成公主亲手种植,当地人称为"公主柳"。

　　唐蕃会盟碑又称"甥舅会盟碑",因为吐蕃赞普赤德祖赞娶的是唐朝皇帝的公主,所以自然他的孩子要管以后的唐朝皇帝叫舅舅,所以才有此别名。

佛寺

【鎏金饰物】

　　大昭寺外墙上的各种鎏金饰物,如宝塔、倒钟、宝轮、金盘、金鹿、覆莲、金幢经幡、套兽等,均通过鎏金技术处理而成。作为藏族地区的建筑特色,这些金色的饰物在阳光的照耀下,闪闪发光,使大昭寺整个建筑显得十分华丽,加强了建筑的崇高感。

佛 寺

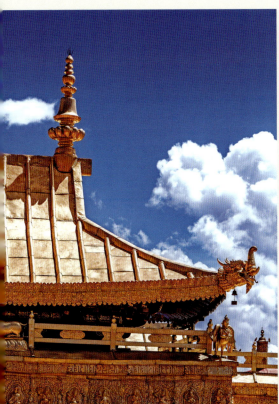

【鎏金技术】 鎏金技术在西藏具有悠久的历史，是藏族工匠世代相传的绝技之一。西藏的鎏金技术工艺简单，程序为成形、配制金泥、镀金、镀后处理四大步骤。鎏金技术设备简易，镀层牢固，厚薄随意，其光泽夺目，历百年而不晦。鎏金技术在大昭寺和布达拉宫及藏族广大地区寺院的佛像、壁画、屋顶、饰物上均有应用，如屋顶上的宝塔、倒钟、宝轮、金盘、金鹿、覆莲、金幢经幡、套兽等。

27

【门窗】

　　大昭寺的门窗与其他藏族建筑门窗一样，为长方形，较内地门窗用材小，窗上设小窗户为可开启部分，这种方法能适应藏族地区高寒气候特点，还可以防风沙。藏族人民有以黑色为尊的习俗，所以门窗靠外墙处都涂成梯形上小下大黑框，突出墙面。门窗上端檐口，有多层小椽逐层挑出，承托小檐口，上为石板或阿嘎土面层，有防水、保护墙面及遮阳的作用，也有很好的装饰效果，是大昭寺的装饰重点。

佛寺

宗教建筑

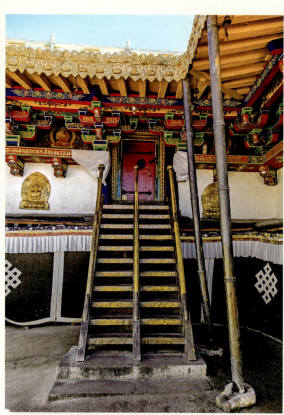

佛寺

西藏拉萨色拉寺

色拉寺庙景熙熙
曲径清幽柳紫飞
多少慕名游客至
留连忘返不思归

色拉寺全称"色拉大乘寺",是藏传佛教格鲁派六大主寺之一,位于拉萨北郊的色拉乌孜山脚。经历代封资增修扩建,色拉寺规模宏大,平面布局虽无整体规划,但是整座寺院所有建筑主次有序,体现了格鲁派大寺的特有风格。寺内所有屋舍均为石木结构,屋顶覆阿嘎土,白色外墙的上部装饰紫黑色贝玛草,具有浓郁的藏式风格。

历史文化背景

在色拉寺修建以前,宗喀巴大师在色拉寺所在地东边山腰上的色拉曲顶小寺里讲经说法,著述立说。并授记此处会形成一座弘扬中观思想的寺院,命令大慈法王释迦益西修建寺院。

明永乐十七年(1419年),宗喀巴弟子释迦益西在内乌宗首领南喀桑布的资助下修建色拉寺,成于明宣德九年(1434年)。后释迦益西应召赴北京,受封大慈法王(藏文"绛钦却杰"),从此被人尊称为绛钦却杰。回藏后将钦赐经像等珍藏于寺内,至今仍存。

18世纪初,固始汗对色拉寺进行扩建,使它成为了格鲁派六大寺院之一。

建筑布局

色拉寺的规模宏大,依山就势而建,寺院占地约115 000平方米,建筑以措钦(集会)大殿、麦扎仓、吉扎仓、阿巴扎仓等主体建

筑为中心，穿插布置了32座康村（僧舍村落）。早期建筑以麦扎仓、阿巴扎仓为中心，后经历代增修扩建，才具有今天的规模。虽然建造时并没有进行过规划布局，但色拉寺的建筑密而不挤、杂而不乱、因地制宜，建筑的外观颜色一致，其中主体建筑形体高大，因而具有统领全局的作用，使整座寺院显得主次有序，体现了格鲁派大寺的特有风格，全然是一座宗教城市。

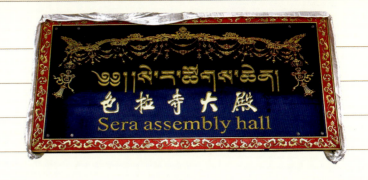

建筑特色

位于寺院东北部的措钦大殿是全寺的管理中心和主要集会场所，也是寺内最大的殿堂。它的平面为方形，由殿前广场、经堂和5座拉康（佛殿）组成，占地面积约2 000多平方米。经堂高2层，中部用长柱顶起为天窗，可以采光。四周为短柱，构成相对低矮的空间，用以供奉佛像。大殿的殿顶为汉式风格的歇山式顶，覆以鎏金铜瓦，装饰宝盘、宝珠、神鸟、宝幢等。

色拉寺中最大的扎仓（经学院）是吉扎仓，面积约1 700平

方米。它的经堂由 100 根柱子支撑，殿内密布着壁画和唐卡。在经堂的西部和北部建有 5 座佛殿，内有许多活佛灵塔和造像。

阿巴扎仓是寺内唯一的密宗扎仓，它原为措钦大殿，当现大殿建成后，便改为扎仓。阿巴扎仓的主体建筑高两层，由经堂和 4 座佛殿组成。底层经堂的西墙为通顶的大经架，其北有石塔，后部有两座佛殿。二层为绛钦却杰的灵塔殿，平面呈长方形，由 6 根柱子支撑，柱高仅 2 米。该殿的东、西、北三面设佛台，北面佛台的正中供奉绛钦却杰和色拉寺第二任主持绛才桑布的灵塔。

寺内所有屋舍均为石木结构，屋顶覆阿嘎土，白色外墙的上部装饰紫黑色贝玛草，具有浓郁的藏式风格。

【史海拾贝】

色拉寺有一个盛大的节日叫"色拉崩钦"，意为色拉寺独有的金刚杵加持节。据传在公元 15 世纪末，由印度传来一个金刚杵，人称"飞来杵"，后由结巴扎仓堪布于藏历 12 月 27 日迎入丹增护法神殿中供奉。过去，按习惯每到 12 月 27 日清晨，结巴扎仓的"执法者"骑上快马将金刚杵送往布达拉宫呈给达赖喇嘛，达赖喇嘛对金刚杵加持后，再快马送回色拉寺。这时，结巴扎仓堪布升座，手持金刚杵给全寺僧众及前来朝拜的信众击头加持，以表佛、菩萨及护法神的护佑。每年这天来色拉寺等待击头加持的信徒数以万计。

佛寺

宗教建筑

【阿嘎土】 阿嘎土是西藏藏式古建筑屋顶和地面采用的传统材料或制作方法，先将碎石、泥土和水混合后铺于地面或屋顶，再以人工反复夯打。在夯打过程中，工人排成一排，边唱边夯，场面颇为壮观。夯制出来的阿嘎土屋面和阿嘎土地面美观、光洁，具有浓郁的民族特色。但容易被雨水冲刷，变得粗糙，甚至漏雨。漏水后再打阿嘎土，屋顶越来越沉导致房屋变形，这也成为藏式古建筑致命的弱点。以阿嘎为主要原料构筑的建筑地面与屋面，适应了当地的气候条件，也逐步形成了特有的地域性民族建筑风格，展示了独具高原特色的人文景观。

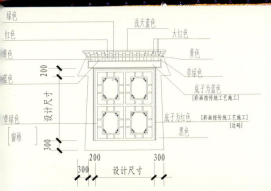

【彩画】

　　色拉寺内的额枋、柱头、柱身、雀替、椽头、椽枋等都布满了藏族寺院建筑特有的彩画，图案有西蕃莲、梵文、宝相花、石榴花和八吉祥（海螺、宝伞、双鱼、宝瓶、宝花、吉祥结、胜利幢、法轮）等。它一方面受到尼泊尔和印度犍陀罗、波斯文化等风格影响，结合本民族图腾和苯教的图案发展而成；另一方面又深受汉式绘画风格的影响。由于气候寒冷和藏民族的性格热情奔放，彩画主要色彩为暖调，如用朱红、深红、金黄、橘黄等为底色；衬托以冷调，如青、绿为主色的各种纹样，与内地唐、宋时期建筑色调较接近。

西藏拉萨哲蚌寺

佛殿叠层上远岗
云堆米聚衍坡宽
嶙峋山石经幡舞
寂寂扎仓僧往还

哲蚌寺系格鲁派六大寺庙之一，坐落在拉萨市西郊约10千米的更培乌孜山南坡的坳里。整个寺院依山势逐级修建佛殿经堂、扎仓僧舍，建筑基本都是以院落为单位，通过巷道衔接，分为三个地平层，即院落地平、经堂地平和佛殿地平，形成由大门到佛殿逐步升高的格局，突出了佛殿的尊贵地位，形成了一座美丽的山城。

历史文化背景

哲蚌寺全名"贝曲哲蚌确唐门杰勒朗巴杰瓦林"，意为"吉祥米聚十万尊胜洲"。哲蚌在藏语里有"米聚"之意，远远看去，寺庙就像是堆积起来的米堆，意寓繁荣。哲蚌寺位于拉萨市以西10千米的更培邬孜山南麓，1416年由宗喀巴大师的弟子嘉央曲杰创立。在藏历第五绕迥木马年（1414年），宗喀巴大师向嘉央曲杰提出了创建寺庙之事，并且预言这座寺庙将比格鲁派主寺甘丹寺还要辉煌，他赐给了果波日山掘出的法螺，又指示内邬首领南喀桑波担任兴建寺院的施主。依照这些指示，嘉央曲杰在他38岁的藏历第七绕迥火猴年（1416年）由内邬南喀桑波担任施主，兴建了哲蚌寺，先后完成了哲蚌寺措钦大殿、密修院

《阿巴扎仓》和僧舍等最初的寺庙建筑群。拉藏汗执政时期（18世纪上半叶）寺庙得以扩建并形成了现在的规模。

哲蚌寺是达赖喇嘛的母寺。二世达赖根敦嘉措早年在日喀则的扎什伦布寺学经，20岁时离开扎什伦布寺到哲蚌寺学经，并一直以哲蚌寺为自己驻锡的寺庙，从此之后历代达赖都以哲蚌寺作为自己的母寺。达赖掌握西藏地区政权之后，这里成为了西藏地区的统治中心。在拉萨的三大寺中，哲蚌寺是发展最快的寺庙。虽然名义上甘丹寺才是格鲁派的主寺，但是随着哲蚌寺的壮大，格鲁派的实际领导权最后还是落到了哲蚌寺。宗喀巴大师去世之后，一年一度的祈愿大法会改由嘉央曲杰主持。嘉央曲杰出生于桑耶地方的一个贵族之家，他本人也与当时拉萨地区的政权统治者帕竹统治集团有着比较密切的关系。所以帕竹政权属下的很多贵族和富豪也都出资兴建哲蚌寺，贡献自己的土地给寺庙作为寺产，还把自己的子弟送到哲蚌寺学经，很快哲蚌寺就成为了贵族和富豪集中学经的一个大寺院。有了诸多施主的支持，哲蚌寺的规模发展迅速，嘉央曲杰创寺之后建立了七大扎仓，而在帕竹政权衰败之后，这七大扎仓被合并成了四大扎仓。经过了数百年的发展，哲蚌寺最终成为西藏地区最大的也是最具影响力的寺院。

建筑布局

哲蚌寺占地200 000平方米，主要的建筑有措钦大殿、甘丹颇章、四大扎仓和康村、僧舍等大大小小87个院子。措钦大殿位于寺庙正中偏西的位置，以措钦大殿为中心，洛塞林扎仓位于措钦大殿的东南侧，阿巴扎仓在措钦大殿的东北侧，果莽扎仓在措钦大殿的东边、洛塞林扎仓的东北侧，德央扎仓在果莽扎仓的南面、洛塞林扎仓的东面。甘丹颇章位于寺庙的西南角。在这些主要建筑之间穿插了许多大大小小的院落，多是僧侣居住的康村米村，更多的康村米村还是在寺庙的东边和南边。

寺院周围没有明显的围墙，与山体自然衔接。建筑基本都是以院落为单位，通过巷道衔接。建筑院落间的衔接空间或大或小，大到有千人聚集的广场，小到只有仅供一人通过的巷道。

总的来说，哲蚌寺的建筑布局没有太多刻意设计的痕迹，更多地体现出了寺庙以僧侣为主体，学习为主要活动的自然生长发展的过程。寺庙以学院、经堂、僧舍为要素，通过院落式建筑与巷道广场结合的方式，形成了现今生机勃勃的格鲁派最大寺院、最高学府。

建筑特色

哲蚌寺三面环山，南面是一片慢坡地，有树木和灌木覆盖着，前临拉萨河及开阔的谷地平川，整个寺院依山势逐级修建佛殿经堂、扎仓僧舍，群楼耸立，层次错落有致，规模宏大。大殿和主要经堂均覆以金顶，加有法轮、宝幢等装饰，多姿多彩的装饰与高耸林立的殿堂楼宇交相辉映，巧妙地形成藏传佛教寺院奇特庄严且富丽堂皇的景象，其内部基本分为3个地平层，即院落地平、经堂地平和佛殿地平，形成由大门到佛殿逐步升高的格局，强调和突出了佛殿的尊贵地位。其中雄奇庄严的措钦大殿，错落有致；不拘一格的德阳扎仓，粗厚古朴；布局严密的阿巴扎仓，高耸森严；富丽堂皇的甘丹颇章，恢弘壮丽。这些都是西藏大型建筑的代表。远眺哲蚌寺，群楼层叠，鳞次栉比，耀金映垩，雄奇壮丽，宛如一座美丽的山城。

【史海拾贝】

传说宗喀巴大师指示要在拉萨修建除甘丹寺之外的寺庙，他的两名弟子嘉央曲杰和释迦也失都相中了更培邬孜山南麓的这片吉祥之地，都想在此地修建寺庙。这块地的所有者是当地一名叫做宗则的贵族。释迦也失先去拜访他，因为这位贵族出了远门没有见到，要三天后才能回来。释迦也失就请宗则的侍从转告，他相中了这块地，想在此处修建寺庙，并希望得到宗则的应允。第二天，嘉央曲杰也到了这里，他也希望得到宗则的应允。等到宗则回来，他的侍从就告诉他释迦也失和嘉央曲杰先后来拜访，想要在这里修建寺庙。宗则最后决定谁先来到这片地方谁就可以在这里修建寺庙。释迦也失比嘉央曲杰早一天来到这里，他在自己相中的地方摆放了一块自己经常使用的卡垫。虽然嘉央曲杰晚来了一天，但是聪明的他把自己日常使用的佛珠放在了释迦也失的卡垫下面。等到宗则来的时候，看到卡垫下的佛珠，就判定嘉央曲杰先到了这里，并允许他在这里修建寺庙，此地就是今天哲蚌寺所在。而释迦也失只能另寻他处，最后他在拉萨市北郊的色拉邬孜山南麓修建了色拉寺。据说当年释迦也失放卡垫的地方就是现在嘉央拉康的位置。

宗教建筑

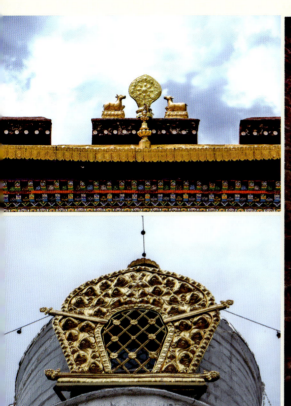

佛寺

宗教建筑

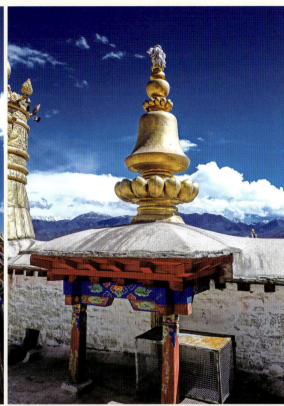

【边玛墙】

　　在藏式建筑里只有等级比较高的建筑才能使用边玛墙。这是一种女儿墙的做法，墙外侧是垂直插入墙体并按同一尺寸紧密排列的柽柳树枝，再刷上颜色。在格鲁派寺庙中，这种标志性颜色选择的是土红色。措钦大殿和扎仓都有这种边玛墙装饰，而康村和米村没有。

　　这些都说明哲蚌寺里的建筑在外观上已经将建筑进行了分级。

宗教建筑

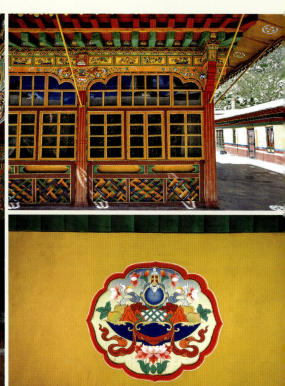

【斗拱】

　　在哲蚌寺里，只有在措钦大殿和洛塞林扎仓能看到斗拱，因为它是一种官式做法，通常出现在宫殿、寺庙等形制级别较高的建筑中，不仅起到结构支撑作用，也是一种身份的象征。而洛塞林扎仓的斗拱是一种简化变形的做法，仅仅作为门头上的装饰。措钦大殿的斗拱被布置在金顶和窗檐下，金顶下的斗拱有一定的结构支撑作用，但窗檐下的斗拱更多的还是一种装饰效果。

西藏拉萨甘丹寺

格鲁主寺名甘丹
弥勒净土兜率天
藏传英雄宗喀巴
金裹灵塔护神殿

甘丹寺

位于拉萨城区东面的甘丹寺被认为是格鲁派的祖寺，其历史文化悠久，建筑风格独特，布局严谨，结构十分鲜明。在布局方面：建筑沿等高线分层布置，形成裙楼密布、重重叠叠的外观效果。在设计特色方面：建筑色彩为典型的藏式黑、白、红三色交织，颜色绚丽。整个建筑营造出了一种神秘莫测的氛围。

历史文化背景

甘丹寺建于明永乐七年（1409年），由藏传佛教格鲁派的创始人宗喀巴亲自筹建，位于拉萨以东57千米处，达孜县境内，拉萨河南岸海拔3 800米的旺波尔山的山坳至山顶处。格鲁派创始人宗喀巴15世纪在藏地推行宗教改革，甘丹寺便是他亲自建立的格鲁派第一座寺院。1419年，宗喀巴在甘丹寺圆寂，灵塔内尚存宗喀巴的肉身灵塔。宗喀巴修行的山洞位于寺庙东头的制高点上，这也是一处著名的古迹。在它下面是宗喀巴的寝宫，宫内尚存有宗喀巴的经书、法衣、印章等遗物。雍正十一年（1733年）清世宗御赐寺名"永泰寺"。由此发展起来的喇嘛教派起初就叫做甘丹派，后来音变而成格鲁派，格鲁即是"善规"之意。甘丹寺的最高主持人称为"甘丹赤巴"，意为"甘丹寺法台"。寺庙建成后，宗喀巴大师一直在此居住讲经，因此，甘丹寺被认为是格鲁派的祖寺，它的修建是格鲁派建立的一个重要标志，所以甘丹赤巴也是整个格鲁派的主持，地位仅次于达赖和班禅。

1959年藏区骚乱中，古寺遭到破坏，1966年8月19日，被北京当局认定为"社会主义的绊脚石"开始拆寺工程，大批西藏僧侣与民众流亡至印度，1969年再次下令倾尽全力将甘丹寺完全摧毁。1980年始复修工作，1997年修复一新的甘丹寺沐浴在阳光下显得格外雄伟壮丽，辉煌耀眼，最大限度地保持了甘丹寺原来的风貌特点。

建筑布局

甘丹寺位于拉萨东郊达孜县境内旺波尔山的山坳至山顶处，采用自由发展式布局，没有统一的大围墙，但扎仓、拉章等各部分自成体系。这不仅与寺院的自由发展相适应，而且也满足了众多信徒们日常诵经礼佛的需要。以统一为主，变化为辅，总貌统一，内部富于变化，由于是非同时期建造和地形条件的差异形成了建筑群内部的非规则，但各个单体建筑间依靠道路、色彩的呼应和围墙、入口的类同等手法将不同的建筑群联系起来，同时借助山势造就一组雄伟壮观的宗教建筑群。

甘丹寺主要由措钦大殿、宗喀巴寝殿、羊八犍经院、宗喀巴灵塔祀殿、绛孜扎仓、夏孜扎仓及23个康村、20个米村组成。其中措钦大殿、夏孜扎仓、强孜扎仓等主体建筑位居高处，低处为住宅，沿等高线分层布置，形成裙楼密布、重重叠叠的外观效果。

建筑特色

从外观上看，大殿建筑和僧舍有直观的差别。大殿建筑色彩丰富，白色的外墙、红色的边玛墙、黑色的窗框还有金色的铜制饰物，而僧舍只有白色的墙面衬托着黑色的窗框；大殿建筑讲究对称性，主立面"两实夹一虚"，而僧舍建筑更多地是重复性，厚实的白墙体上唯一的装饰物就是尺寸近乎统一的规则的窗户；就建筑室内的装饰而言，大殿建筑更是精美，只要是对外开放的房间里都有壁画，而僧舍建筑的室内项多是由红色和黄色涂料装饰的墙面。

甘丹寺大殿平面为方形，分为三段式布局，由门廊、经堂、佛殿三个部分组成，暗寓佛教中的"欲、色、无色"三界。经堂为多柱厅，大型寺庙中经堂内的柱数已经过百根，有内天井，高侧窗采光，营造神秘的光影效果；佛殿平面大多进深短，面阔长，空间高度较高，利于烘托佛像的宏伟庄严。

【史海拾贝】

宗喀巴选址在旺波尔山建寺的真正原因不得而知，但在藏族中流传着一个颇为浪漫传奇的说法：宗喀巴为了传播教义，到处云游，一天，宗喀巴行至旺波尔山脚下，突然一只乌鸦自凌空俯冲而下，双爪把宗喀巴的帽子抓走，然后在山上空盘旋三圈后将帽子丢在山坳里，叫了几声后离去，消失在茫茫长空中。宗喀巴心想，这定是一只神鸟，是神示意让我把寺庙建在这里。于是便和随从爬上旺波尔山观看，发现地形宛如一只安祥温顺的卧鹿，环境优美，于是便定在这里修建甘丹寺。

佛 寺

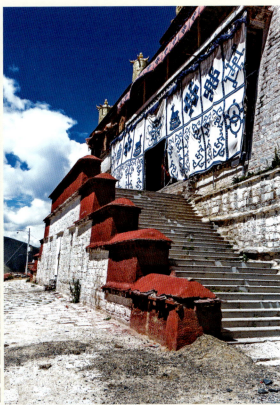

宗教建筑

佛寺

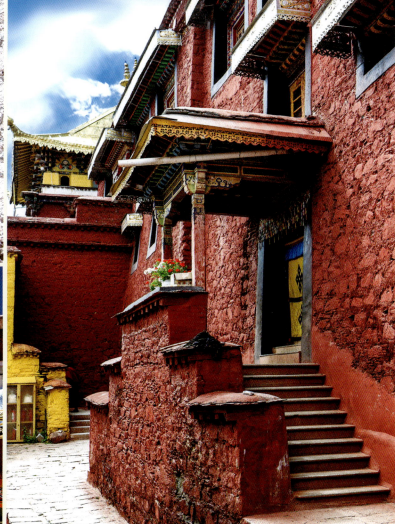

宗教建筑

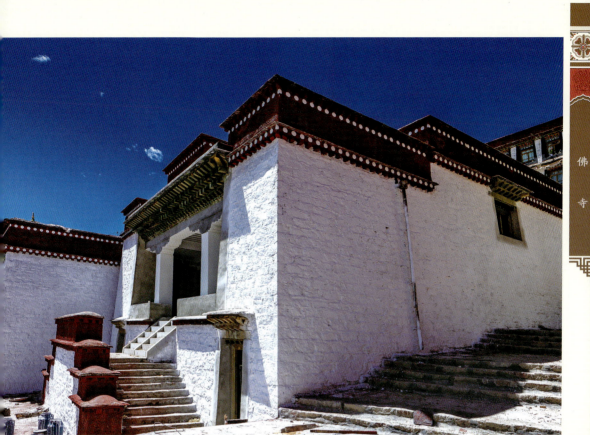

佛寺

宗教建筑

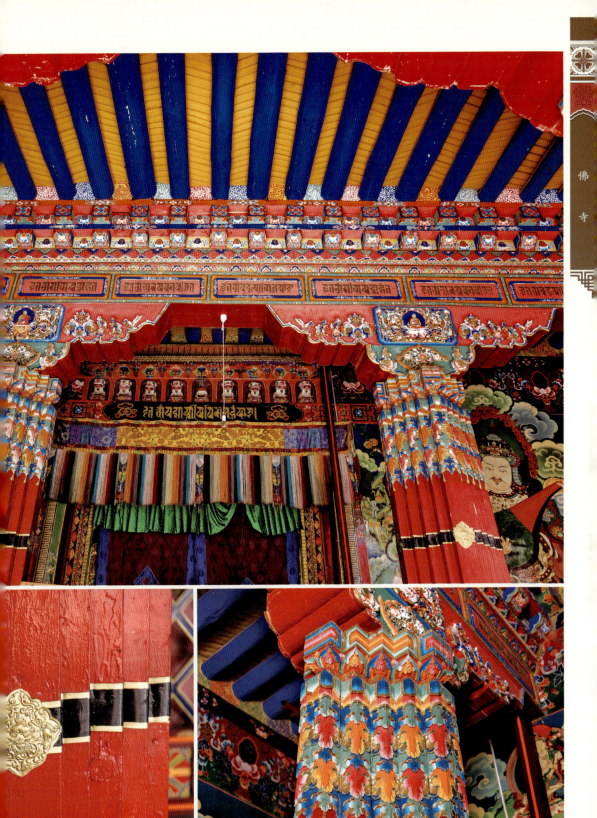

西藏拉萨楚布寺

楚布风景特别美
山青水秀映雪辉
高僧坐满修行洞
世外桃源外不虚

楚布寺

楚布寺位于拉萨市的堆龙德庆县境内，是噶玛噶举派的主寺。举世瞩目的藏传佛教转世制度在这里首创，后被西藏其他教派推而广之。该寺坐北朝南，南、西、北三面环山，以杜康大殿为中心，背山面水。杜康大殿主殿四周环绕着的4个扎仓、河南岸高山北麓的一座高大的展佛台，并以经堂、神殿、僧舍及喇章、静室外等建筑群组成一座雄伟壮观的古老佛刹。

历史文化背景

1159年，第一世噶玛巴杜松虔巴去东藏康区时，到中藏吐龙谷楚布寺所在地，购下建寺的土地。1189年，第一世噶玛巴八十岁时，回到吐龙谷兴建楚布寺。这座被称为"人间净土"的寺院可容纳1 000多僧众，是历代噶玛巴和噶举传承的主寺。13世纪第二世噶玛巴便是在此寺被认证为第一世噶玛巴的转世。从此开始了西藏"祖古"喇嘛转世传统。第二世噶玛巴扩建寺院，并建造著名的拉千则林简大佛，此后800多年中，噶玛巴代代转世没有间断，直到现在的第十七世大宝法王噶玛巴邬金钦列多杰，寺院持继发展成庞大的道场。

1980年，第十六世噶玛巴指示竹奔德千仁波切，回到西藏重建楚布寺。重建工作非常困难，因为当时西藏地区经济欠发达，没有足够财力可以支持。竹奔德千仁波切多方找寻资源，经多年的努力，终于修复了部分大殿和几个较重要或必须的中心及房舍。

第十七世大宝法王噶玛巴邬金钦列多杰在楚布寺升座之后，楚布寺的修建才开始速进行。大部分殿堂房舍都已修复，包括佛学院，来自世界各地的弟子们都捐助兴建。

楚布寺在历史上曾遭受两次重创，一次是1401年的地震破坏，另一次是20世纪70年代"文革"期间的破坏。现有的楚布寺是按原样重新修复的，其建筑在西藏寺庙建筑中具有一定的代表性，1962年被列入西藏自治区重点文物保护单位。

建筑布局

楚布寺坐北朝南，南、西、北三面环山，以杜康大殿为中心，背山面水。寺门前是一个大广场，面积1520平方米。通过广场上24级石阶，从有6根立柱的明廊进去便是楚布寺的主要建筑杜康大殿，除杜康大殿外，其西面还有一座两层的扎仓、5个护法神殿，以及强仔康、印经堂、接待室等。楚布寺的西侧有两座白塔，背后的加日吐切琼博山腰处，有一座白色建筑物——卓康，系楚布寺僧人修炼之处。此外，寺内的古迹还有噶玛巴朝佛的影像石、金鱼朝圣的石纹自然图案以及后山上第一世噶玛巴修道的岩窟等。这些建筑群组成了一座雄伟壮观的古老佛刹。

设计特色

楚布寺规模庞大的建筑群以杜康大殿为中心，包括经堂、佛堂、护法殿、佛学院、密宗修习院、活佛私邸及僧舍等建筑单体。

杜康大殿高三层，布局呈正方形，面积600多平方米，由经堂和佛殿等组成。经堂中心升起一层，构成33.6平方米的高敞天窗用以采光。经堂内装饰华丽，四壁绘有十六罗汉等壁画。从经堂后面拾级而上是桑杰多贡佛殿，高约9米。佛殿两旁为通壁大佛龛，殿侧有第十六世噶玛巴活佛的灵塔。杜康大殿第二层楼中部为大经堂天井，靠南有一排房子共3间，正中一间是第十七世噶玛巴活佛为朝拜信徒摸顶之处，面积84平方米，其左右两间房分别为司徒活佛和杰曹的卧室。杜康大殿第三层楼除大平台外，靠北有两间房子，一间名"贝卓越康"即藏经室，长13.6米，宽6.4米，高4米余，北墙经架壁立，盛放着各类经典。贝卓康东面那间房子是第十七世噶玛巴的卧室。

位于西侧的两座白塔，前塔为方形塔座，上为宝瓶状塔身，后塔的塔座、塔身皆为方形，形制古朴。

佛寺

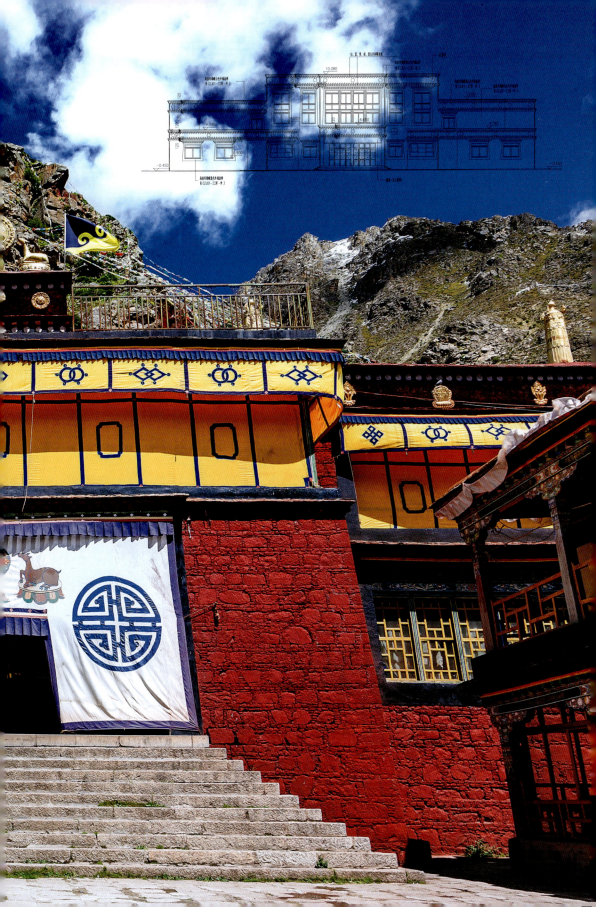

佛 寺

宗教建筑

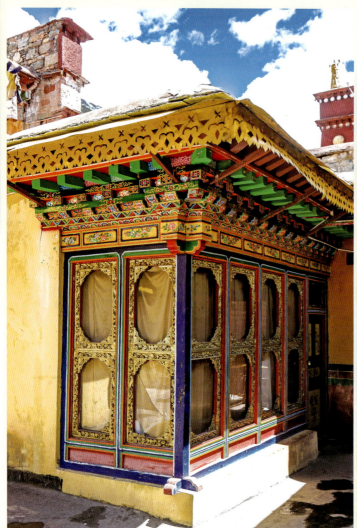

佛寺

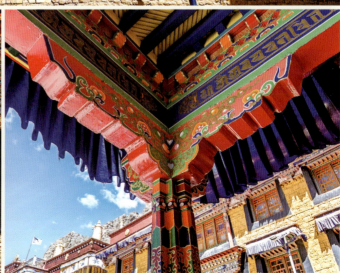

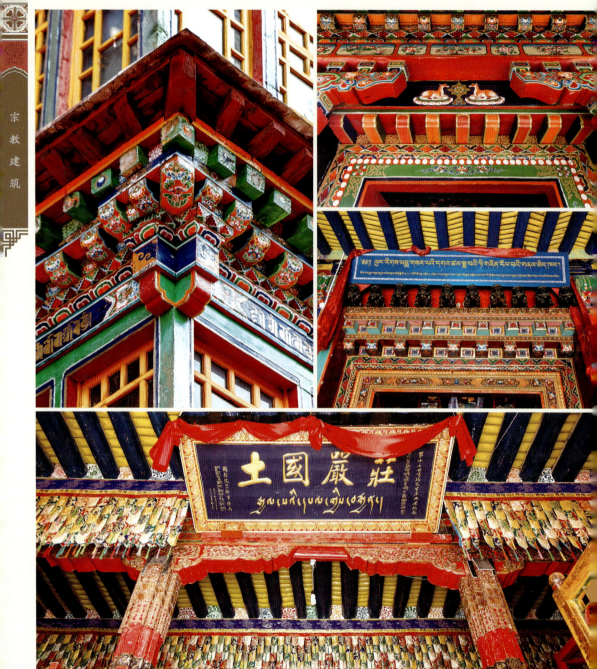

佛寺

西藏拉萨小昭寺

悲思中国面东坐
博学多才笃信佛
莲花地涌罘铁帘
者阑真境化娑婆

小昭寺

小昭寺位于拉萨八廓街以北，是西藏历史上建造最早的寺庙建筑之一，建筑风格融合了汉藏式建筑特点。建筑坐西朝东，门窗、壁画、柱子及大部分装饰均是典型的藏式宗教建筑特色，而其金顶、斗拱等又为汉式风格。该寺是汉藏两个民族团结友谊的象征，在汉藏民族关系史上占有极为重要的地位。

历史文化背景

小昭寺始建于7世纪中叶的藏历铁牛年（641年），是由文成公主亲自奠基的。小昭寺的整体建筑，经过一年时间顺利竣工。盛极一时的小昭寺，在松赞干布死后，又曾一度冷落。芒松芒赞执政时期（650-676年），闻知唐高宗派兵进藏，疑夺释迦牟尼铜像，便将释迦牟尼佛像从小昭寺迁移，封闭于大昭寺的南厢秘室中。同时，所有住在小昭寺等处的　　　和尚，一律被驱逐出境了。

赤德　　　祖赞（704-755年）即位后于710年，又从唐朝迎娶了金城公主，进一步促进了汉地佛教在吐蕃的发展。金城公主嫁到吐蕃后，把原被封藏在大昭寺的文成公主所带到吐蕃的佛像供奉于大昭寺，又取尺尊公主所携之释迦牟尼佛像，供奉于小昭寺，并安排了汉僧管理一切宗教仪式，于是，二佛像遂易寺而居。

朗达玛即位后（约9世纪中叶），对佛教采取了摧残的态度，强迫出家人改装还俗。不久，吐蕃各地又暴发了奴隶起义，蔓延到吐蕃王朝统治下的大部分地区。奴隶暴动一直持续了九年（869-877年），吐蕃王朝从此崩溃，西藏分裂为许多小部落，各霸一方，各自为政，互相征战不已，佛教也一蹶不振，只有少数僧侣在家中秘密传习佛法，小昭寺亦随着当时的形势而遭到一定程度的破坏。

这种混乱局面一直延续了约两个世纪，到11世纪40年代，印度僧人阿底峡来藏讲经说法，翻译佛经。佛教又重新抬头，小昭寺也得到维修保护。

元、明、清时期，由于中央政府对佛教采取了扶持政策，所以小昭寺又重新兴盛起来，并进行了大规模的维修扩建。乾隆二十五年（1760年），御赐额目："耆阁真境"木匾。可见，当时小昭寺的建筑宏伟壮丽，地位之高，影响之大。

"文革"时期，小昭寺遭到毁灭性破坏。一些建筑被拆除，塑像文物等被劫一空，僧众皆离寺而去，昔日辉煌壮观的景象荡然无存，小昭寺被作为仓库而用。

1986年，由于我国政府的宗教政策和当地政府的重视支持，又开始对小昭寺进行大规模维修，使小昭寺旧貌换新颜，重放异彩。

建筑布局

小昭寺整座建筑坐西朝东，占地面积约4 000平方米。其前部为庭院，后部是神殿及其门楼、转经回廊等附属设施。门楼高三层，底层为宽敞的明廊，二三层是僧房和经堂等。穿过门楼即是绕神殿一周的转经回廊。神殿高三层，底层分为门庭、经堂、佛殿三部分。门庭内左右为隔门小房，右间是放吹器的地方；左间是配殿，内供有石榴树枝做的贡布色懂马塑像。门庭后面为经堂，进深七间面阔三间。最后部是佛殿，内二柱，无柱础，面积23.5平方米。佛殿后部和两侧还绕以密闭回廊，偏窄、较高，具有早期布局特征。神殿第二层前为僧舍，中部为大经堂天井，天井之后为供佛大殿。神殿第三层前面为达赖喇嘛到该寺的专用住房，共6间。后部则为金顶殿，殿门向东，面积约54.5平方米，殿左右及后部有一周狭窄回廊，以木栏相围。

设计特色

历史上小昭寺几经火焚，现存的建筑大多是后来重修的，只有底层神殿是早期建筑。

门楼明廊有10根大柱，皆为十六棱形。柱身有三条铜箍，铜箍面上透雕花瓣。柱一上半部雕有繁缛的花草纹，柱头上浮雕宝珠、"回"字纹、花瓣及连续的"六字真言"前四排大柱的柱拱上浮雕海水云龙纹。明廊后部墙壁上绘有四大金刚和六道轮回图。回廊南、西、北三面原竖有木制嘛呢轮，廊壁上也遍绘无量寿佛、白度母等壁画。

神殿门庭中间是四柱宽的空廊，四柱皆为圆形大柱，大柱小拱两侧各雕一大力士，大力士承托支撑状。柱头大拱上雕有狮子和圆形升云纹、花瓶等。有的柱头小拱则浮雕象征性的狮子和人像。门上铺首如钹形，上有二龙戏珠图案。横梁上写梵文六字真言。这些雕刻古朴端庄，体现了早期风格特征。门庭后面的经堂内有30根柱子，柱下皆有石柱础。其中中部4根大柱直通二层之上，撑起高敞天窗，柱头皆为卷云纹、块夹小石片开小窗。托，金顶门窗壁画、的巧妙结合。

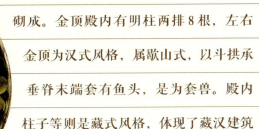

宝珠、莲花纹等雕饰。佛殿的墙壁均用大石砌成。金顶殿内有明柱两排8根，左右金顶为汉式风格，属歇山式，以斗拱承垂脊末端套有鱼头，是为套兽。殿内柱子等则是藏式风格，体现了藏汉建筑

【史海拾贝】

　　小昭寺，藏语称为"甲达绕木切"，始建于7世纪40年代（吐蕃松赞干布时期）。641年，唐朝的文成公主与松赞干布联姻离长安进藏时，向唐太宗"请以释迦像与宝仓库为奁嫁"，唐帝许之，"造舆置觉阿释迦像于其上，使力士甲拉伽于鲁伽二人挽之"。相传文成公主入藏时带了一尊释迦牟尼十二岁等身像，行至在小昭寺位置时，木车陷入沙地中。公主通过历算，得知此处是龙宫所在地，决定把释迦牟尼佛像安放在此处供奉，遂建小昭寺，认为如此即能镇慑龙魔、国运昌盛。这座寺庙由文成公主主持修建，与大昭寺同时开工，同时告竣，同时开光。大门朝东，以寄托这位公主对家乡父母的思念。文成公主为建小昭寺从内地召来精巧工匠，以汉地庙宇为模式，结合藏地建筑特点，建成了极为壮观的重楼叠阁。

佛寺

宗教建筑

【梁柱】

　　作为藏式建筑中室内装饰的重要部位，小昭寺的柱子为木柱，无柱础，呈正方形。柱头装饰着各种花饰雕镂或彩画，主要图案有覆莲、仰莲、卷草、云纹、火焰及宝轮等等，富有浓厚的宗教色彩。木梁上也装饰着彩画，梁头、雀替涂重彩，色彩艳丽、浑厚，与室内木柱等连成整体，展示了藏式宗教的建筑艺术。

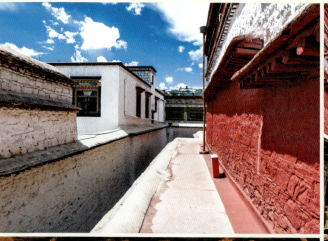

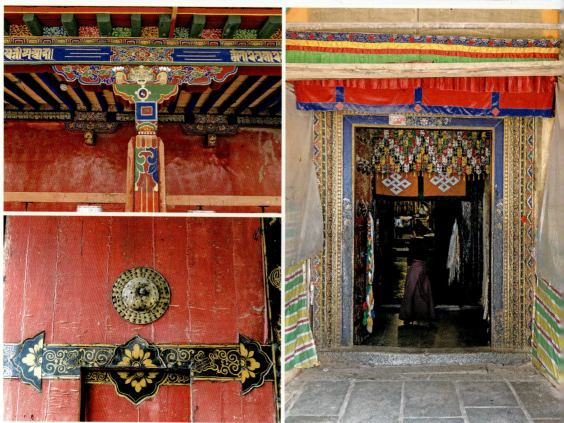

佛寺

【雀替】 雀替是中国古建筑的特色构件之一，宋代称"角替"，清代称为"雀替"，又称为"插角"或"托木"。它被安置于建筑的梁、枋与柱相交处，以缩短梁枋的净跨度从而增强梁枋的荷载力及防止横竖构材间的角度之倾斜，也用在柱间的挂落下，或为纯装饰性构件。在漫长的中华建筑史中，雀替是一种成熟较晚的构件和制式。虽然它的雏形可见诸于北魏，但是明代之后才被广泛使用，并在构图上得到不断发展。清代之后便发展成为一种风格独特的构件，大大地丰富了中国古典建筑的形式。

西藏拉萨卓玛拉康

尊者阿底峡
入藏振佛教
独尊度母像
灯论菩提道

卓玛拉康

卓玛拉康位于西藏自治区拉萨市曲水县聂塘乡，是一座藏传佛教格鲁派寺院。它是典型的平顶式藏式建筑，土木石结构。作为古格王朝时代建造的寺院，佛殿内绘有精细优美的壁画，如大型的佛、菩萨、护法、金刚像、佛传故事及其他装饰图案，精彩绝伦。

历史文化背景

11世纪中叶，古印度佛学大师、藏传佛教噶当派祖师阿底峡（982～1054年）应邀到拉萨传教宏法，曾长居拉萨。北宋皇祐六年（1054年），阿底峡在拉萨曲水县的聂塘圆寂后，其弟子仲敦巴成为众弟子之首。翌年，仲敦巴集合众人，在聂塘为阿底峡举办周年供，并且集资建寺作为纪念。因正殿主供阿底峡生前随身供奉的本尊度母铜像卓玛佛像，故取名"卓玛拉康"，意为"度母佛堂"；又因位于聂塘乡，故又称"聂塘寺"。

阿底峡所作的绘画作品很多，其中他用自己的鼻血绘成了两幅唐卡，一幅由热振寺收藏，一幅由卓玛拉康收藏。阿底峡在卓玛拉康的遗物还有其生前使用过的法螺及化缘钵。他终生形影不离的一座木塔"哲美曲登"，以白檀香木制作，现仍然收藏在聂塘卓玛拉康内的佛龛中。

阿底峡圆寂后，骨灰埋在卓玛拉康之前约500米处，建有坟墓及祠庙。后来，阿底峡的坟墓及祠庙均被毁，但其骨灰罐仍存。

1963年，中国政府应巴基斯坦政府的请求，西藏自治区筹备委员会将阿底峡的部分骨灰造灵塔送至北京，准备送归阿底峡在巴基斯坦的故乡达卡（今属孟加拉国，当时孟加拉国为巴基斯坦的一部分），但因"文化大革命"爆发而未能成行。1978年，中国政府应孟加拉国政府的请求，将阿底峡的部分骨灰及其全套著作送归孟加拉国，在其家乡达卡举办了安放仪式。

如今的卓玛拉康是1930年热振活佛主持重修后的面貌。2001年06月25日，卓玛拉康作为1274年的古建筑，被国务院批准列入第五批全国重点文物保护单位名单。

建筑布局

卓玛拉康坐西朝东，大门内有一铺石庭院，院落南北两侧是寺管人员的住房。正殿前有宽敞的檐廊，檐廊北头有两座修在地坪以下的白塔，檐廊两端连通正殿后面为转经道。正殿为二层建筑，一层有三座佛殿：主殿为卓玛拉康，南配殿为朗杰拉康，北配殿为古蚌拉康。正殿二层为达赖的行宫，当年达赖出巡或来朝拜时，常居住在此处。

设计特色

聂塘卓玛拉康占地面积3 000平方米，建筑面积1 000平方米，是典型的平顶式藏式建筑，其结构体系主要由土石墙体、木柱、木梁、木椽子以及阿嘎土楼板共同构成。平面呈方形，外墙边长6.9米。殿内设4根方柱，沿面阔、进深方向各三间，地面用阿嘎土。殿内四壁遍布壁画，精彩绝伦。

【史海拾贝】

　　卓玛拉康目前供奉着一尊由阿底峡尊者当年随身携带供奉至雪域的弥勒（强巴）圣像，因为圣像本身会发出肢体感知声响（阿嚓，藏语意思类似汉语身体反映的语言"哎哟"），当有人用手指触碰该像时即刻会发出"阿嚓、阿嚓"的反应，以及其他许许多多殊胜功德和不可思议之加持，所以这尊弥勒菩萨像得到了"强巴阿嚓"的尊称并闻名于藏地。

　　20世纪90年代初的一天深夜，一伙胆大妄为的盗贼竟然盗走了强巴阿嚓像，虽然经相关部门全力追寻侦查但却无功而返。一年多后纽约索斯比秋季拍卖会上，这尊举世闻名的强巴像以天价身份现身！当然它的历史及佛教徒们对其的感情这些文物商们是不得知晓的。后来由于中国有关方面按照相关国际公约并一再强烈要求及努力下，美国政府才勉强答应归还，但提出在中国香港交接，届时中国方面还必须提供当事人及图片等确凿的证据证明此像的来历。交接的那天中国方面到场的除了法律、文物等相关部门人员还特别安排了聂唐寺的主持、香灯师等数名僧人同往香港交接现场。当美方打开这尊佛像的包装，庄严的弥勒圣容展现在众人面前时，在场的主持及僧人都立即口诵"嘉苏却乌（顶礼皈依）"，并如木桩倒地般匍匐顶礼！香灯师更是扑上去用袈裟抱住佛像并紧紧抱在怀里，诵经的同时还夹杂着哭声。对此场面，在场各方所有的人都无语而立，结果自然是顺利地履行交接手续，接下来就是选择吉日迎请弥勒圣尊重归卓玛拉康。据记载强巴阿嚓返回的那天，整个拉萨城如过年一样喜庆，人们纷纷穿戴上节日的盛装前来顶礼弥勒尊容。现在强巴阿嚓像依然供奉在主殿的原地，只是由于安全原因，瞻仰到尊容不是太容易了。

【壁画】

从建筑年代看卓玛拉康是古格王朝中修建比较晚的殿堂，殿内绘有壁画，如大型的佛、菩萨、护法、金刚像等，也有以连环画的形式绘制的佛传故事，还有菱形、海螺等装饰图案。大多数的壁画剥落漫漫，仅有部分壁画还能看清。这些壁画精细优美，但在艺术性和表现技法上稍逊于古格早期同类题材的壁画。

【古格王朝壁画】　　古格王朝是西藏西部的一个古代王朝，始于10世纪末，灭于1635年。在藏传佛教壁画艺术中，古格壁画以独特的艺术魅力和美学情调，有别于其他藏区的壁画风格，形成了别具一格的艺术流派，并呈现出多元文化的特点。其壁画内容异常丰富，几乎全面反映了古格王朝僧俗生活的各个方面，重要的历史人物、宗教人物和现实生活场景均有生动的描绘。在藏族艺术史乃至中国艺术史上，古格壁画都具有很高的艺术欣赏价值和宗教文化研究价值，并且可以作为了解古格王朝兴衰变迁的形象的历史纪录。

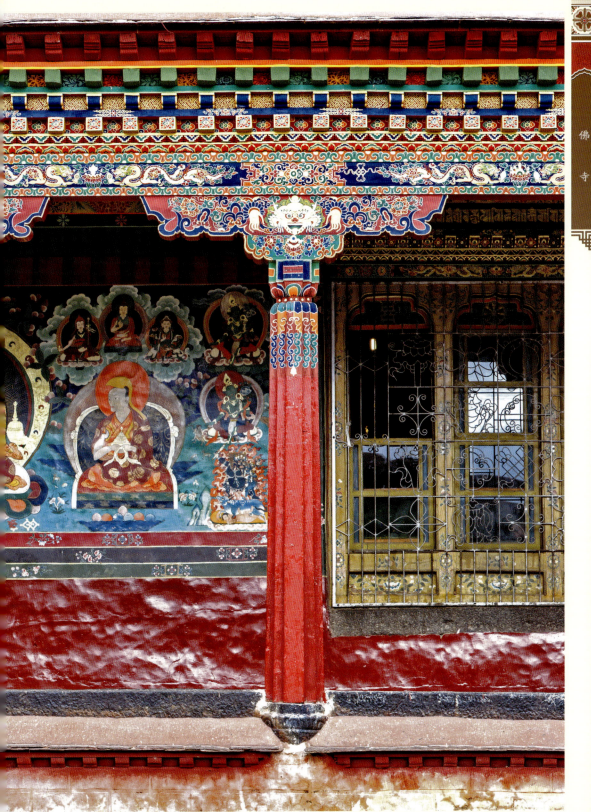

西藏拉萨止贡提寺

鸣钟香鼎绕红尘
真空大悲化虚境
出入庙堂逢恶鬼
刮来膏血奉诸神

止贡提寺

止贡提寺在西藏自治区拉萨市的墨竹工卡县境内，位于县驻地以北仁多岗乡的雪绒藏布北岸山坡上，属藏传佛教噶举派，俗称"白教"。该寺坐北朝南，寺庙的平面为弧形，以古印度波罗王朝在摩揭陀所建的欧丹达菩提寺为蓝本兴建，按佛经中的世界构造进行了布局。整个寺庙布局规整，风格古朴，宏伟肃穆。

历史文化背景

止贡提寺最初由帕木竹巴弟子木雅贡仁创建，1179年止贡巴·仁钦贝扩建成为大寺，取名"止贡提"，即止贡噶举派的中心主寺。

止贡巴·仁钦贝（1143～1217年）是四川邓柯（今甘孜州西北部）人，属居热氏家族。他家世代信奉宁玛派（红教），他6岁开始学习藏文，并在其父跟前闻习佛法，据说9岁时便开始讲经说法。青年时期邓柯一带常遭受自然灾害，止贡巴·仁钦贝就到康区给别人念经维持生活。后来拜帕木竹巴为师，使他名望逐渐提高。25岁时由贡塘喇嘛香松妥巴杜僧做屏教师给他授比丘戒（菩萨戒）。1177～1179年他曾住持丹萨提寺三年，后因与寺僧不和而离任。1179年他在墨竹工卡的止贡地方从木雅贡仁的门徒手里接收了一座小庙，在原有小寺的基础上扩建成为一座大寺，这就是著名的止贡提寺。他所传的教派也就被称为"止贡噶举"，成为藏传佛教噶举派帕竹噶举支派之八小支派之一。该派重戒律，认为以因果说和真实相融合，可以达到"真空"与"大悲"的境地。

元朝初年，止贡得到旭烈兀（元世祖忽必烈之弟）的特别支持，常和萨迦派发生纠纷。1290年，萨迦本钦·阿迦仑奏请忽必烈派兵进藏攻入止贡峡谷，焚烧止贡提寺大经堂，摧毁18尊巨佛和7座多门塔，据说在这次战争中杀死止贡噶举派僧侣和属民一万多人，历史上称这次事件为"林洛"，意为寺院之变。林洛以后，止贡噶举实力大为衰落，但在宗教方面仍有一定影响。到14世纪中叶，止贡噶举的实力又逐渐恢复，并且联合雅桑、蔡巴等万户与帕摩竹万户作战被打败，实力又一次削弱了。到明代，止贡噶举的领袖人物旺仁波且仁钦贝杰（止贡提寺第十三任寺主）于永乐十一年（1413年）被明成祖封为阐教王。15世纪格鲁派兴起后，止贡噶举又抵制格鲁派被击败。到第五世达赖喇嘛阿旺·罗桑嘉措受清朝顺治皇帝正式册封以后，止贡噶举不得不处于达赖喇嘛的管辖之下。从这时起，止贡噶举也采用了活佛转世制度。

建筑布局

止贡提寺坐北朝南，寺庙的平面为弧形，以古印度波罗王朝在摩揭陀所建的欧丹达菩提寺为蓝本兴建，按佛经中的世界构造进行了布局，似长形院落，占地面积约3000平方米。

寺庙大门之外，广场内有石像、放生池，其左右两侧为绿地。寺庙内有藏噶举派历代祖师的舍利子、印度八大持明的僧墓。大殿由南向北依次为灵塔殿、大佛殿、修禅密室、扎西果芒殿和护法神殿等，每座殿堂建有宽敞平台，美化古寺环境。而且每座大殿均有造像，多为元、清时期的作品。东西厢房左右对称。整个寺庙布局规整，风格古朴，宏伟肃穆。

宗教建筑

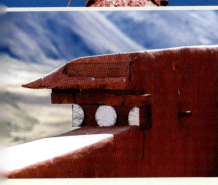

佛寺

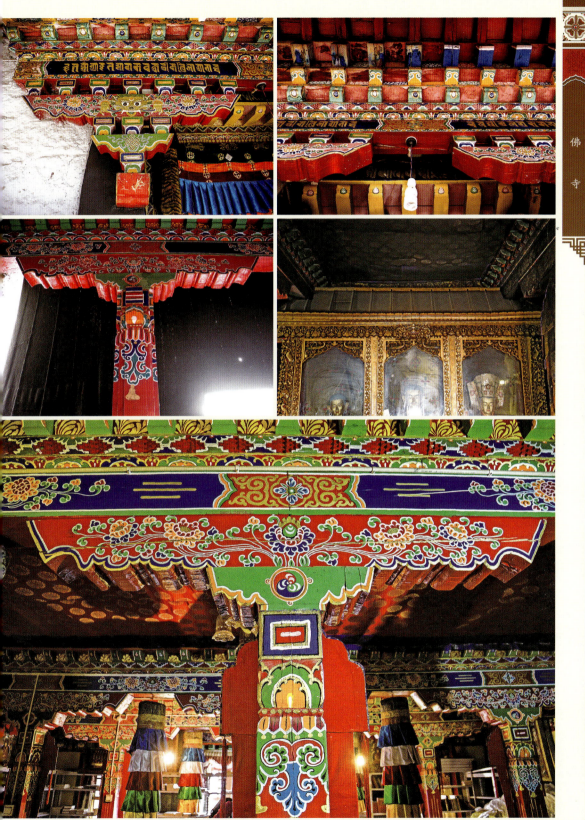

佛寺

西藏江孜县白居寺

寺中有塔
塔中有寺
西藏塔王
万人敬仰

白居寺

白居寺，藏语称"班廓曲德"，意为"吉祥轮大乐寺"，是一座藏传佛教萨迦派、夏鲁派、格鲁派共存的寺院。以措钦大殿和白居塔为中心，白居寺三面环山、依山而建，平面为坛城（曼荼罗）模型，寺院为三层平顶藏式建筑，塔中有寺、寺中有塔，寺塔天然浑成，相得益彰，是一座典型的塔寺结合的藏传佛教寺院。

历史文化背景

白居寺由江灵敏度法王绕丹贡桑帕和一世班禅克珠杰于15世纪中叶的前半期（1418-1436年）共同主持兴建。克珠杰（1386-1438年）早年随萨迦派仁达哇等高僧学习佛法，很快成为精通五明的佛学大师。1413年，绕丹贡桑帕（1389-1442年）为在江孜地区弘传佛教，乃邀请克珠杰到江孜主持教务，并且将江孜庄园与上部城堡两地辟为建寺用地，于1418年动工兴建，1425年竣工。

白居寺建立初期属于萨迦教派，此后噶举派与格鲁派势力相继进入，各派之间也曾相互排斥，分庭抗礼，但最后还是互相谅解并形成了目前萨迦、夏鲁、格鲁三派兼容并立、博采众长的局面。围绕白居寺大殿的经院（扎仓）在极盛时有17个之多，分别隶属于西藏佛教格鲁、夏鲁萨迦三个教派，而格鲁派最多，有扎仓7个。三派主持协同白居寺总主持共同管理寺院，这在藏区是十分罕见的。

1998年，白居寺被列为第四批全国重点文物保护单位。

21世纪初，政府批准的白居寺僧人编制80名，其中格鲁派编制40名、萨迦派编制20名、夏鲁派编制20名；实有僧人76人，其中归属格鲁派者43人、归属萨迦派者21人、归属夏鲁派者12人。

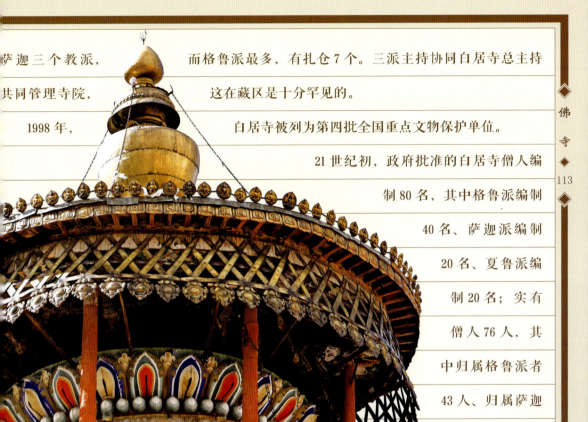

建筑布局

白居寺位于西藏自治区日喀则地区江孜县江孜镇，南、北、东三面环山，由寺院、吉羊多门塔、扎仓和围墙四大建筑单元组成，依山而建。建筑群以措钦大殿和白居塔为中心，建筑宏大，气势雄伟。平面为坛城（曼荼罗）模型，由大殿、法王殿、金刚界殿、护法神殿、道果殿、罗汉殿、无量宫殿和转经回廊等建筑单元组成，形成一座宏伟巨大的寺院建筑群。

白居塔，即大菩提塔，白居寺主体建筑之一，位于另一座主体建筑措钦大殿右侧，建筑规模宏大，是整个白居寺建筑中最重要、最富于象征意味的建筑物。

措钦大殿，在其形制和营造手法上具有典型的藏族建筑风格。大殿坐北朝南，共有三层，总建筑面积2 300平方米。底层为经堂部分，殿门后为前室，右为护法神殿，左为一小佛殿。过前室为大经堂，有立柱48根。大经堂之东为法王殿，西为金刚殿，东西配殿对称统一。大经堂的后部为后殿，有8根立柱。大经堂二层正中为天井部分，设有两佛堂，右为小经堂，左为罗汉殿。措钦大殿的二层，设有道果殿和拉基大殿。道果殿为右佛堂；拉基大殿是该寺召开会议的场所，它的旁边是存放杂物的仓库。大殿的第三层，只建有一个殿堂，藏语称"夏耶拉康"。殿内墙壁绘满精美的坛城壁画，由于该殿以坛城出名，故又称"坛城殿"或"无量宫"。

设计特色

　　白居寺被称为"西藏塔王"，是一座塔寺结合的典型的藏传佛教寺院建筑，寺院为三层平顶藏式建筑，寺中有塔、塔中有寺，寺塔天然浑成，相得益彰，它的建筑充分代表了13世纪末至15世纪中叶后藏地区寺院建筑的典型样式，也是其中唯一一座寺塔都完整保存，具有纪念碑性质的大型建筑群。这座寺庙以它巧妙利用地形地貌的建筑布局、拥有宏伟别致的"十万佛塔"和对西藏佛教各教派兼容并蓄的气度为人仰慕，同时殿堂内部的梁柱和外部的建筑装饰都从不同的侧面，生动地体现了藏族传统的建筑特色以及佛教的装饰美学情趣，因此以独具风貌的建筑、雕塑、壁画艺术而享有盛名。

佛寺

【大菩提塔】

　　白居寺的大菩提塔（藏名班根却甸）建于寺庙建筑群中心，是西藏群塔之冠，也是中国建筑史上独一无二的珍品。塔高约40米，分塔座、塔瓶、塔斗及相轮四部分。塔座占地2 200平方米，分为五层，每层20个方角，层层上收。多面构图十分严谨，南北、东西方向的建筑外轮廓斜线与底座基本上为等边三角形。这种构图原则的运用使大菩提塔具有良好的比例关系，雄伟稳定。塔瓶平面为圆形，直径20米，与塔座均为土壤砌筑的实心体。塔斗建在塔瓶上部，平面为"亚"字形，是土壤砌筑的空室。在塔斗的四面门洞上，各有一对很大的佛眼，形制与尼泊尔的佛塔相似。其上的相轮为圆锥形，外部以镏金铜包裹，内部是两层空室，顶部的伞盖下为一层空室，最上方为5米高的铜皮镏金宝顶。全塔共有108个门，76间龛室，各种佛像千余尊，室内墙壁并满绘精致的佛教壁画，佛像共达万余尊，因此又有"十万佛塔"之称。造型特殊、面积宽广、多种佛塔特点综合而成的大菩提塔，素有"塔中寺"之称，足见其规模宏伟。

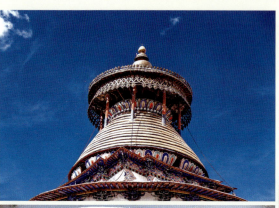

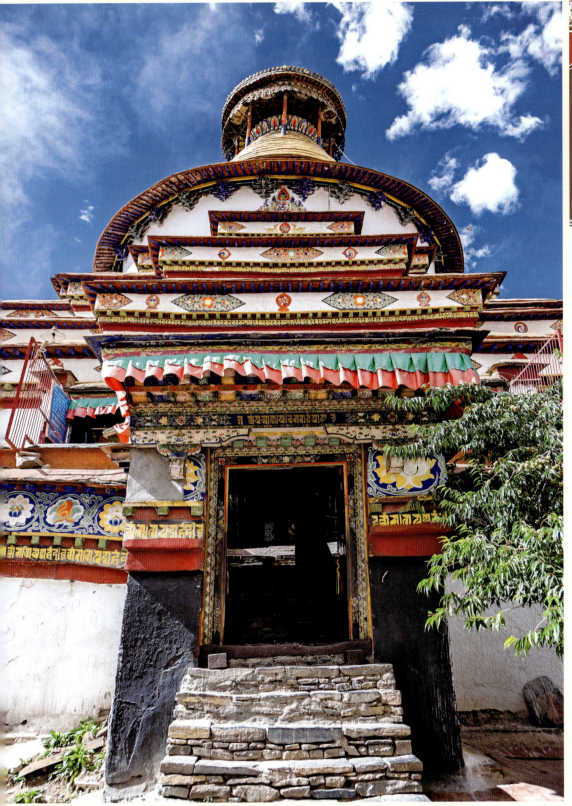

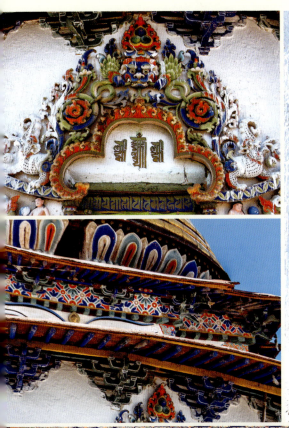

佛寺

西藏昌都强巴林寺

山殿朝阳晓
塔势如破竹
宫殿何玲珑
钟声两岸闻

历史文化背景

1373年，宗喀巴入藏途经昌都时曾预言，将来在此地定能兴寺弘佛。明英宗正统二年（1437年），宗喀巴的弟子西绕桑布在昂曲和杂曲两水间雄鹰落地式的岩岛上倡建寺庙，历时八年建成，寺内主佛为强巴（大慈佛，故寺名为"曲科强巴林"，汉译为"法轮弥勒寺"或"法轮慈氏洲"。因该寺位于两江汇合处的昌都，故称"昌都曲科强巴林"，简称"昌都强巴林"或"昌都寺"。

强巴林寺位于昌都旧城区连马拉山上，由格鲁派创始人宗喀巴的弟子西绕桑布于1444年建成，属黄教格鲁派，是昌都地区格鲁派寺院里规模最大的寺庙。该寺坐西向东，殿堂为藏式建筑风格，主要为平顶建筑，采用土木、石木结构。强巴林寺大院套小院，特色分明，建筑宏伟壮观，十分醒目。

强巴林寺是康区第一座藏传佛教格鲁派寺院。该寺的创建，拉开了格鲁派在康区传教的序幕。

清康熙五十八年（1719年），强巴林寺对清廷派往冈底斯山勘界的人员给予大力配合，为此清朝康熙帝颁圣旨，敕封第六世帕巴拉活佛帕巴拉·济美丹贝甲措为"阐讲黄法额尔德尼那门汗"名号，赐铜印，并为寺庙御赐"俱善弥勒寺"（译成藏文为"甘丹强巴林"）之名，所以一些藏文史料称昌都强巴林寺为"昌都甘丹强巴林"。

第七世帕巴拉活佛帕巴拉·邓巴贡布为表示对乾隆帝八旬大寿的庆典，在寺内专门修建了一座庙宇，并请乾隆帝赏赐庙名。乾隆五十六年（1791年），乾隆帝为此题写了"祝厘寺"匾额。自此，在一些汉文史料中，称强巴林寺为"祝厘寺"。

历史上，强巴林寺同中国内地王朝的关系密切。自清朝康熙帝开始，强巴林寺主要活佛受到清朝历代皇帝的册封。寺内至今仍存有康熙五十八年（1719年）五月颁给帕巴拉活佛的铜印。

17世纪，强巴林寺的主要建筑曾被白日土司毁坏。1912年5月12日，强巴林寺被彭日升尧毁。但主殿（当时被作为监狱）及两座其他建筑幸存。1917年，在藏军占领昌都之后，该寺获得重建。

1962年，昌都强巴林寺被列为西藏自治区级文物保护单位。

"文化大革命"时期，强巴林寺遭到极大破坏。改革开放之后，1980年中央召开第一次西藏工作座谈会以来,中国共产党的民族和宗教政策相继落实。1982年起,由政府拨巨款,外加群众自愿出工出力,强巴林寺很快获得恢复。

建筑布局

强巴林寺位于昌都镇内的四级台地上,其建筑规模在康区居首。强巴林寺坐西向东,殿堂为藏式建筑风格,主要为平顶建筑,采用土木、石木结构,建筑木材以松木为主。该寺以大经堂为正殿,围绕大经堂建有护法殿、度母殿(两座)、辩经院、格朵拉章、噶丹颇章、根日扎仓、桑德扎仓、堆廊扎仓、杰吉扎仓、南卓扎仓、德却扎仓、阔钦扎仓、次保扎仓、次尼扎仓、印经院、扎仓修行院、八大吉祥塔等建筑。寺内除五大活佛系统的5处活佛官邸,9大扎仓,8个禅相院之外,还设有20多座经堂、1座印经院、辩经场,及许多僧舍。现在,昌都寺不仅维修了僧众大殿,法相院经堂,帕巴拉、谢瓦拉、甲热三大活佛的官邸,而且按照原样重新建起了护法神殿以及8个禅院的主要经堂以及数米高的八大如意塔、度母神殿、护法神殿等。在僧众大殿顶上建起了金碧辉煌的歇山式大金顶和法轮卧鹿像。

从远处看强巴林寺,主殿连配殿,大院套小院,高低错落,毗邻成片,楼台院宇,宏阔壮丽。

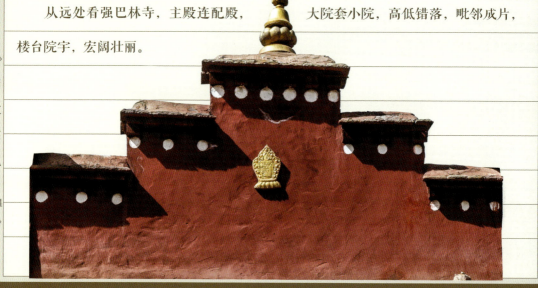

佛寺

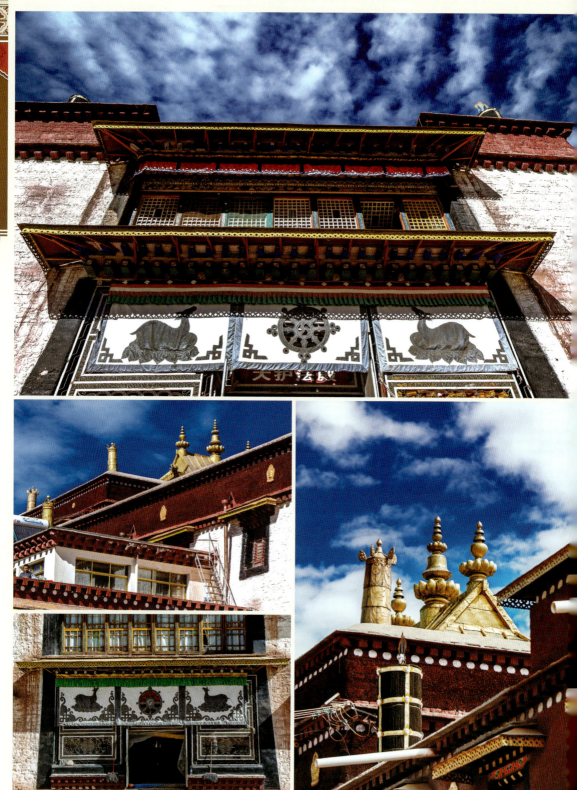

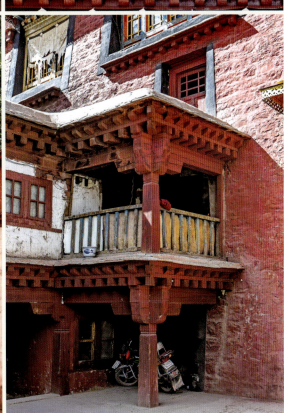

佛 寺

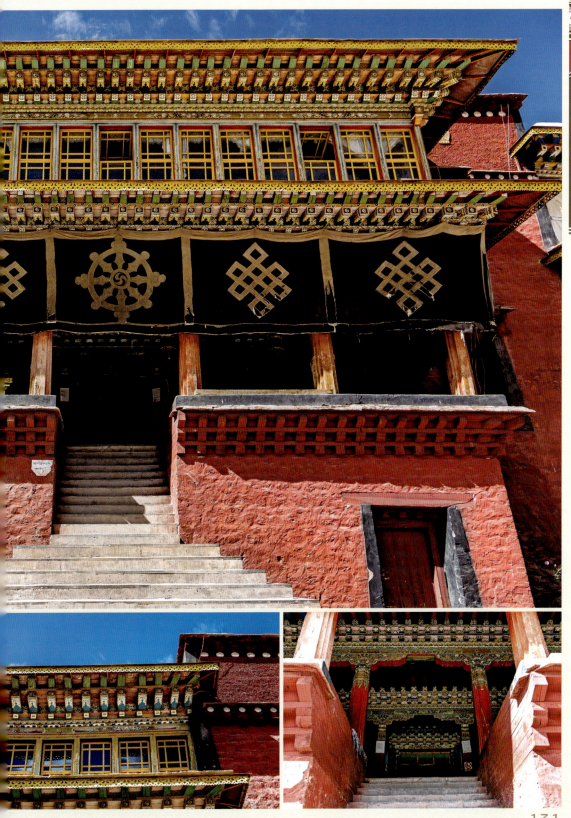

佛寺

宗教建筑

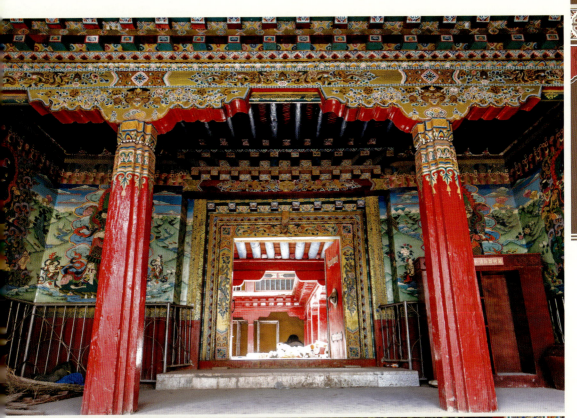

佛寺

西藏拉孜县
平措林寺

净土绝尘境
乌鸦指路人
壁画染禅意
庙宇耸云端

【平措林寺】

平措林寺位于日喀则地区拉孜县境内，是目前西藏最大且唯一的一座古代觉朗派寺庙。以集会殿为主体，该寺分为山上和山下建筑群，组成了一座庞大、宏伟、雄壮、完整的建筑群体。平措林寺不仅拥有规模宏伟的建筑，还有着丰富多彩的壁画艺术，各殿堂墙壁上以高僧、菩萨等为内容的壁画构图严谨、布局合理、主次分明，具有很高的历史、艺术、科学价值。

历史文化背景

平措林寺是在藏巴汗（即：第悉藏巴·彭措南杰）的支持下，由多罗那他，藏传佛教觉朗派的著名高僧和佛学家，也是外蒙古（今蒙古人民共和国）最大转世活佛哲布尊丹巴转世系统的实际奠基人，于1614年创建。寺庙建成后起名为"达丹平措林寺"，曾是觉朗派的重要道场。1649年后，第五世达赖喇嘛阿旺·罗桑嘉措时期改宗格鲁派，更名为"甘丹平措林寺"，简称"平措林寺"。据传，该寺创建以前，在其西北方雅鲁藏布江对岸的山尖有一小寺名"当嘎⬚拉孜"，当时的住持⬚就是多

罗那他，由于地形限制当嘎拉孜寺不宜发
展，多罗那他意俗移址，恰在此时有一只乌鸦将他的盘子叼走，他紧追至现地后山顶方得到盘子，遂决定在此建寺，遂建成现在的平措林寺。

平措林寺的建成经历了三个阶段：第一阶段修建了集会殿；第二阶段修建了16座小佛殿和部分僧舍；第三阶段修建了山顶的土布坚拉康和山上的部分小殿堂，历时12年完成。以后历年又有增修和扩建。兴盛时期有喇嘛3 000人，民主改革前有喇嘛350人，现有41人。

平措林寺是目前西藏最大且唯一的一座古代觉朗派寺庙，其"它空论"佛教理论体系独树一帜，对于研究藏传佛教觉朗派具有很高的价值。

2006年5月25日，平措林寺作为明代古建筑，被列为第六批全国重点文物保护单位。

建筑布局

平措林寺规模宏大，上围修有围墙，正门北开，仅院内占地面积就达37 800平方米，以集会殿为主体，周围有16座小拉康，还有印经院、宗政府遗址及僧舍。建筑形式似密宗坛城（曼荼罗）。其他附属建筑多建于外围，然后向山上发展，最后在山顶建土布坚拉康等，组成了一座庞大、宏伟、雄壮、完整的建筑群体。根据寺庙建筑分布的地形可分为山上建筑群和山下建筑群两部分。山下建筑群由集会殿、拉康顿珠、印经院、宗政府遗址、僧舍等组成。山上建筑群中最大的建筑为位于山顶的土布坚拉康，其余的吉杰拉康、罗汉堂、布达拉拉康、巴日拉康，卓玛拉康、喇嘛拉康、扎谢拉康7座小拉康及一部分僧舍散布在山脊两侧。

集会殿是平措林寺的中心，面积为1 700平方米，坐西朝东，外观看似为5层，实为3层。殿门外为庭院、讲经台和影壁。影壁后为9级台阶的平台，由平台攀木梯即进入集会殿底层。底层由前廊、经堂、佛殿、依怙殿等组成。前廊面积59.4平方米（长10.8米，宽5.5米），有圆柱4根（柱径0.8米），面阔三间进深两间；经堂面积约635平方米（长宽均25.5米），面阔七间进深七间，有柱3根，中间两长柱直通二层高侧天窗，用于通风采光，其余三次柱的柱头及斗拱上分别绘有菩提萨埵34尊；佛殿高出地面50厘米，内有8根长柱，面阔五间进深三间，面积151.2平方米（长16.8米，宽9米）；依怙殿有柱2根，面阔三间进深两间，面积37.8平方米（长9米，宽4.2米）。

设计特色

平措林寺不仅拥有规模宏伟的建筑，还有着丰富多彩的壁画艺术。集会殿底层廊内壁画内容为四大天王、十五尊地方神、八大龙王、王子、王妃、大臣、侍从等，线条流畅、色泽艳丽，堪称壁画精品。经堂四壁遍绘壁画，内容以四十尊高约2米的释迦牟尼佛为中心，周围间绘十六罗汉、俱种二十五氏、瑜伽母、贡钦仁布、宝帐依怙、能怖金刚、密集金刚、金刚瑜珈母及各类菩萨像，构图严谨，布局合理，主次分明，用笔遒劲洗练，着色鲜丽合宜，充分显示了娴熟的技巧和高超的艺术才能。其他殿堂墙壁上亦绘有高僧或菩萨等壁画，这些壁画具有很高的历史、艺术、科学价值。

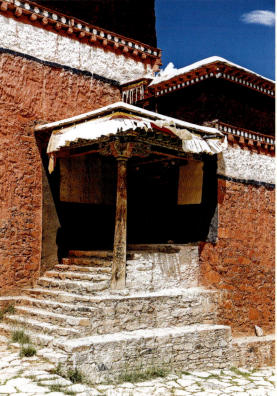

佛 寺

137

宗教建筑

西藏日喀则
扎什伦布寺

佛骨塔肉埋
宫墙山势走
凭虚心顿悟
禅关上层度

扎什伦布寺

扎什伦布寺位于西藏日喀则，是后藏地区最大的寺庙，也是中国著名的六大格鲁派寺院之一。寺院依山而筑，周围筑有宫墙，宫墙沿山势蜿蜒逶迤。扎什伦布寺的边玛墙、女儿墙及彩色布帘在阳光下的色彩反差使建筑获得了视觉上的美感，增加了整个建筑的庄重性。扎什伦布寺是日喀则地区最大的寺院，也是主要的景区之一。

历史文化背景

扎什伦布寺的藏语意为"吉祥须弥寺"，全名为"扎什伦布白吉德钦曲唐结勒南巴杰瓦林"。该寺位于西藏日喀则，是后藏地区最大的寺庙，也是中国著名的六大格鲁派寺院之一，与拉萨的甘丹寺、色拉寺、哲蚌寺合称藏传佛教格鲁派的"四大寺"。此寺为格鲁派祖师宗喀巴的徒弟，一世达赖根敦朱巴于1447年所主持创建的，1600年时，四世班禅罗桑确吉坚赞任扎什伦布主持时，对该寺进行了大规模扩建。从四世班禅起，历代班禅大师成为扎什伦布寺的法台。班禅大师圆寂后，都曾建灵塔保存肉身，并建供放灵塔的金顶祀殿。

经过历代班禅的修缮、扩建，寺院规模不断扩大，形成了如今气势磅礴的建筑群。扎什伦布寺极盛时房间总数达3 000余间，寺僧5 000余人，下属寺庙50余座，庄园牧场30余处。现在的扎什伦布寺共有大小金顶14座，扎仓4个，经堂56座，房屋3 600余间，寺僧800余名，总占地面积30万平方米。

建筑布局

扎什伦布寺主要有措钦大殿、历代班禅灵塔祀殿，世界最大的铜质镀金佛像殿，四大佛陀开光并大梵天王装过护身符盒子的嘎东强巴佛像及600多个珍贵文物殿堂。

措钦大殿是扎什伦布寺的主殿，步入寺院大门眼前最大的建筑物就是此殿。殿门外是由回廊围成的院落，是寺院的讲经场。过去班禅大师经常在这里向全寺僧人讲经布道，也是喇嘛们进行宗教答辩的场地。大殿前部是大经堂，经堂的中央是班禅的宝座，经堂后面的三间佛殿，释迦牟尼殿居中，西侧是弥勒殿，东侧为度母殿。位于寺院东部有7座灵塔殿，其中最为著名的为觉干夏殿，殿中四世班禅灵塔建于清康熙元年(1662年)，塔高11米，金银为底，银皮裹身，嵌有珠宝玉石等物，塔内放有四世班禅遗骨。寺内墙上的壁画主要以人物传记为主，有礼佛图、十八罗汉图等。

整间寺院依山而筑，周围筑有宫墙，宫墙沿山势蜿蜒逶迤，是日喀则地区最大的寺院，也是主要的景区之一。

建筑特色

扎什布伦寺的边玛墙，以白色墙体为主，赭红色的女儿墙和窗户边沿的彩色布帘，在高原充沛的阳光下，色彩对应出来的反差使墙体颜色从单调变成了多彩，从轻淡变成了凝重，获得了视觉上的美感，增加了整个建筑的庄重性。

宗教建筑

佛寺

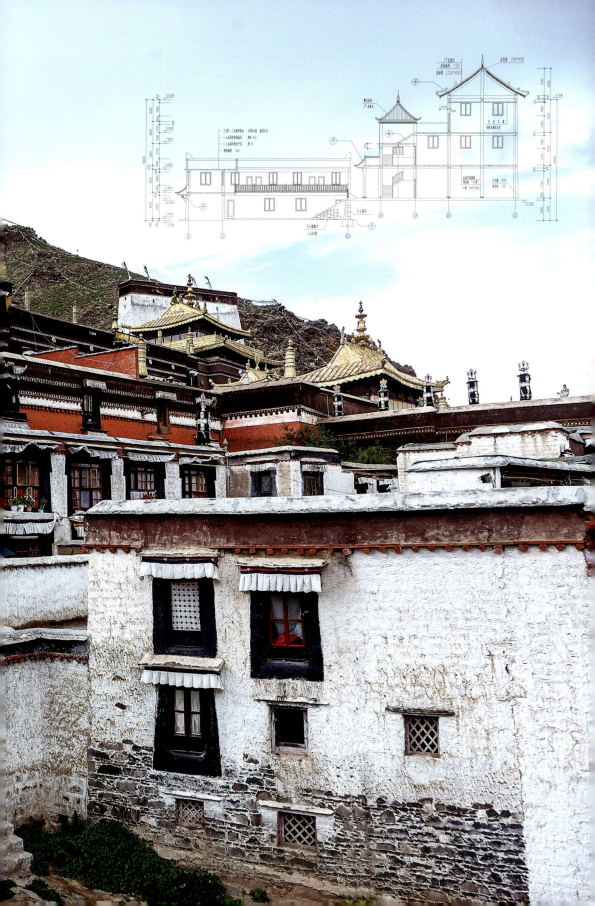

宗教建筑

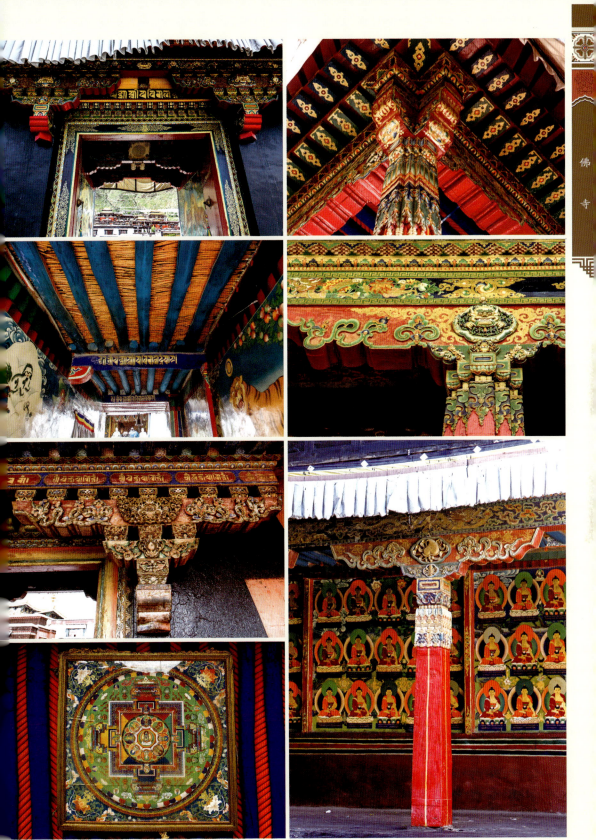

西藏日喀则萨迦寺

名柱撑经堂
圣像溢佛殿
回字圈慧法
净理了可悟

萨迦寺位于西藏自治区日喀则地区萨迦县本波山下，是一座藏传佛教萨迦派寺院，也是萨迦派的主寺。寺庙院墙的颜色以红色为主，还间以黑、白两色，这是萨迦教派的重要标志。寺庙分为南北两寺，其建筑布局仿照汉区古代城池样式，具有很强的防御性能。从整体上看，南寺整个平面是大"回"字套着小"回"字，是藏式平川式寺庙建筑的代表。

历史文化背景

萨迦寺名中的"萨"藏语意为"土"，"迦"藏语意为"灰白色"，"萨迦"意即"灰白土"。所以寺名因本波山腰有一片灰白色岩石，长年风化如土状而得来。

北宋熙宁六年（1073年），吐蕃贵族昆氏家族的后裔昆·贡却杰布（1034-1102年）发现本波山南侧的山坡上，土呈白色，带有光泽，呈现瑞相，即出资兴建寺院，后来被称为"萨迦阔布"，但十分简陋，这便是萨迦北寺的前身。此后逐渐形成了萨迦派。

萨迦派采用血统和法统两种传承方式。贡却杰布圆寂之后，其子贡噶宁布（1092-1158年）主持萨迦寺。贡噶宁布学识广博，使萨迦派教法趋于完备，故被尊称为"萨钦"（萨迦大师），成为萨迦派初祖。贡嘎宁布对萨迦北寺的修建做出了重要贡献，创建了"拉章夏"作为修法之所，随后修建了"古绒"建筑群，由护法神殿、塑像殿、藏书室组成。贡噶宁布的次子索南孜摩为萨迦二祖。三子扎巴坚赞主持萨迦寺57年，为萨迦三祖。四子贝钦沃布的长子萨班贡噶坚赞（1182-125

年），简称"萨班"，或"萨迦班智达"，为萨迦四祖。

元朝时，在该大殿西侧又兴建了一座8根柱子的配殿，俗称"乌孜萨玛殿"。后来历代萨迦法王先后在山坡上扩建萨迦北寺，增建了不少建筑，形成了逶迤重叠的萨迦北寺建筑群。

14世纪以后，由于宗教活动中心逐渐转移至萨迦南寺，北寺不再有大规模建设。

1950年代已有许多建筑坍塌，1960年代又受到人为破坏，大多数建筑仅存残垣断壁，只有贡康努、拉章夏、仁钦岗等少数建筑在20世纪末至21世纪初获得修复。萨迦南寺经过多次扩建及修善，形成了规模宏伟的建筑群，平面呈方形，有高墙环绕，总占地面积14 760平方米。

1961年，萨迦寺被中华人民共和国国务院确定为第一批全国重点文物保护单位。"文化大革命"期间，萨迦寺遭到严重破坏，萨迦北寺变成一片废墟。改革开放后，萨迦寺逐步获得修复。21世纪初，国家将萨迦寺列为西藏自治区"三大重点文物保护维修工程"之一，成立了萨迦寺文物保护维修工程指挥部，负责维修工程的全面工作。

2005-2007年，陕西省考古研究所与西藏文物保护研究所合作，对萨迦北寺遗址进行全面考古调查及局部发掘保护。

建筑布局

萨迦寺分为南、北两寺，仲曲河横贯于两寺之间，北寺位于河北岸的本波山"灰白土"山岩下，南寺位于河南岸的平坝之上。今北寺已毁，仅余南寺，建筑布局仿照汉区古代城池样式，整体建筑位置紧凑，由两道围墙围成一个正方形，外围墙为土筑，内围墙以土石夯筑，高9米，宽3米，四角和四边的中间设碉楼，墙顶有护栏，可供士兵巡逻行走。内外围墙间设有护城河及木桥，城门入口与大经堂联系在一块，设有闸门，利于防御。围墙内有大经堂、佛殿、僧房和八思巴的公署，不仅是宗教派别的中心，也是地区政治权力的中心，因此在建筑上设计得如此壁垒森严，具有很强的防御性能。

进得寺内，首先是一座宏伟的大经堂，为整个寺的中心。经堂内由40根巨大的柱子支撑，其大厅可容纳近万名喇嘛诵经，内供三世佛、萨迦班智达及八思巴塑像。

从经堂出来，经廊道至前院，再沿数十级台阶即可抵达经堂顶层平台。平台宽且长，内可俯瞰寺庙，外可抗击外敌。平台的西、南两面有宽敞的长廊，廊墙上绘有珍贵的壁画，南壁绘有萨迦祖师像，西壁绘有大型坛城，色泽鲜艳，画工精美。大经堂门外有萨迦法王的办公楼，右侧和后部是毗连的喇嘛住宅和街道。萨迦王朝当政时期是政教合一的地方政权。因此，寺内除了规模宏大的寺院，还有一些官署府邸之类的建筑，主要为四个"喇让"（原指西藏宗教领袖的住所，后演变为宗教领袖办理政教事务的机构），分别是细脱喇让、拉康喇让、仁钦岗喇让和都却喇让。四座建筑分立在大经堂周边，是萨迦寺不可分割的一部分。

从整体上看，南寺整个平面是大"回"字套着小"回"字，是藏式平川式寺庙建筑的代表。

建筑特色

萨迦寺的主体建筑突出于四周的城楼之上，外墙刷有黑、蓝、红色为主调，并在深灰色中涂白色和红色，使色调对比强烈。红色象征文殊菩萨，黑色象征金刚护法神，白色象征观音菩萨，这是萨迦教派的重要标志。三色成花，故萨迦派也称"花教"。

佛寺

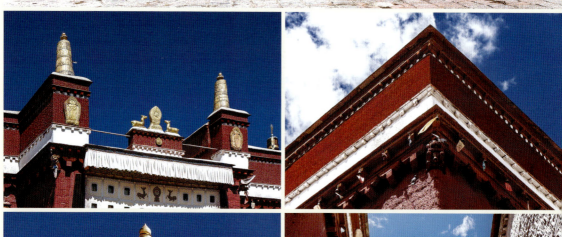

佛寺

宗教建筑

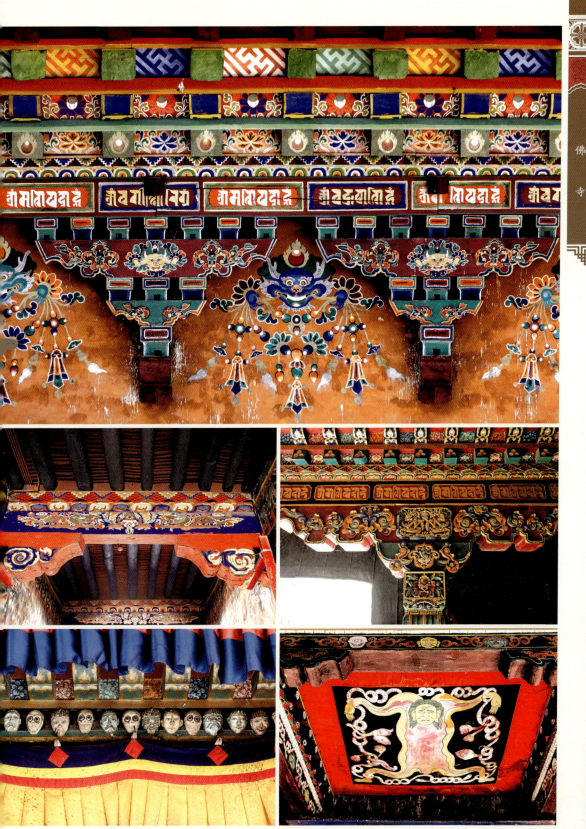

西藏山南桑耶寺

一语惊叹出寺名
宝塔屹立镇魍魉
意想不到桑耶寺
大千世界佛法深

桑耶寺位于西藏山南地区扎囊县桑耶镇，是西藏第一座剃度僧人出家的寺院。寺庙的平面为椭圆形，是按照佛经中的"大千世界"的结构布局设计而成。建筑融合吸收了古代印度、汉地、藏地以及西域寺院建筑的风格特征和营造手法，整体磅礴大气，宏伟壮观，各种手法的融合在建筑史上非常罕见。

历史文化背景

桑耶寺的全名是"贝扎玛桑耶敏久伦吉白祖拉康"，藏文含义为"吉祥红岩思量无际不变顿成神殿"，位于西藏山南地区扎囊县桑耶镇，是西藏第一座剃度僧人出家的寺院。

8世纪末，时任赞普的赤松德赞笃信佛教，他将印度的两位佛教大师寂护和莲花生迎请至西藏弘扬佛法，并决定为他们修建一座寺院。据《桑耶寺志》记载，762年，赤松德赞亲自为寺院举行奠基，历时12年建造到775年终告落成。桑耶寺的寺基由莲花生测定，整个寺院的建筑由寂护设计。由于传说在初建时，赤松德赞急于想知道建成后的景象，于是莲花生就从掌变出了寺院的幻象，赤松德赞看后不禁惊呼"桑耶"（意为"出乎意料""不可想象"），于是该寺也就因国王一声惊语而被命名为"桑耶寺"。桑耶寺落成后举行了盛大的开光仪式。赤松德赞又从唐朝、印度和于阗等地邀请来僧人住寺传经译经,并宣布吐蕃上下一律遵奉佛教。因此桑耶寺是西藏第一座具备佛、法、僧三宝的正规寺院,在藏传佛教界拥有崇高的地位。作为西藏第一座佛法僧三宝具全的寺院,首创了藏族人出家为僧的先例,建立了完整严谨的僧伽制度,广译经论,讲经说法,建立专修道场,形成了规模相当的寺院修行体制。诸如,修建经藏传规大坛城,律藏传规经堂、论藏传规讲堂等。从藏文史料来看,当时的桑耶寺已经开设了经、律、论三藏的道场,同时也开辟了译经、学经、辩经、修行、闭关、受戒等宗教场地,使得初传的外来佛教开始在西藏站稳了脚跟并迅速发展,终于形成了藏传佛教"前弘期"的繁荣局面。

9世纪中叶,吐蕃禁止佛教传播,桑耶寺也遭到封禁。9世纪后期重新开放后,这里遂成为宁玛派(红教)的中心寺院。萨迦派统治时期,对该寺进行过修葺,并派遣僧人住寺,此后就形成了宁玛、萨迦两派共处一寺的局面。

建筑布局

桑耶寺藏文意为"无边寺""存想寺",融合了汉、藏、印度三种建筑风格。该寺集西藏古代文化、中原文明和印度文明之大成,是中国民族文化中一颗璀璨的明珠。

桑耶寺整个寺庙坐北朝南,寺庙的平面为椭圆形,似一长形院落,是按照佛经中的"大千世界"的结构布局设计而成,依照密宗的曼陀罗建造:乌孜大殿位于全寺的中央位置,代表世界中心须弥山;大殿周围的四大殿表示四咸海中的四大部洲，四大殿的两边再各有一座配殿，象征八小洲；大殿南北两侧修建了妙满殿和妙宝殿，象征太阳和月亮；大殿四角又建红、白、绿、黑四座形制特殊、风格不同的舍利塔，分别象征四大天王，以镇服一切凶神邪魔，防止天灾人祸的发生；寺庙围墙象征世界外围的铁围山；围墙四面各设一座大门，东大门为正门。

虽然桑耶寺后世因为火灾而多次重建，但建筑格局始终保持了初建时的风貌。目前寺内的建筑大都是在七世达赖时重建的，占地面积约11万平方米，整体磅礴大气，宏伟壮观。

【史海拾贝】

赤松德赞授命寂护建造西藏历史上第一座寺庙桑耶寺，但建寺过程中却屡建屡垮，原因据说是此地妖气很盛，鬼魔横行。看着寺庙老是建不起来，英明的赤松德赞国王十分着急，他把精通密宗咒术擅长降魔伏妖的莲花生请来帮忙。大师很厉害，和邪魔外道们飞沙走石一顿开打，其间自然免不了在四处空中来水里去的，据说这是在桑耶和山南一带怎么会留下那么多遗址的原因。最后终于邪不压正，妖魔们被打败，有的是流落异乡，逃到了偏僻的藏东崇山峻岭中；有的是"阵前起义"，被大师招安改编成"政府军"，成了佛教的护法神。

佛寺

【乌孜大殿】

乌孜大殿（乌孜仁松拉康）又称多吉德殿，是寺中最高大壮观的建筑，总面积约 8 900 平方米。大殿坐西朝东，外观看似五层，内部实际只有三层，每层的高度在 5.5 米到 6 米之间。殿堂的底层为藏式建筑，中层为汉式建筑，上层为印度风格，分别由三地的工匠设计施工，融合吸收了古代印度、汉地、藏地以及西域寺院建筑的风格特征和营造手法，因此也有人把寺院称作"三样寺"。这种藏、汉、印合璧的建筑格调，在建筑史上非常罕见。

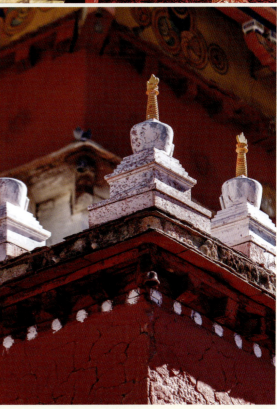

佛 寺

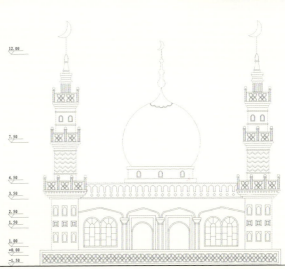

【白塔】

　　白塔为四方形密檐式砖塔，8层，高约18米，建在大殿东南角，皆用石块、石板砌成，因塔体全为白色故名"白塔"。在塔基的方形围墙上，立有108座小塔，塔身方形，在腰部以上逐层收分如阶梯，上有覆钵形塔腹。但覆钵扁平而宽大，没有龛门，宝刹上置十七环相轮。在转经道旁有十六罗汉石像，分别雕刻在边长为0.74米的方形石板上，极为精致。

【绿塔】

　　绿塔，4层，高约10米，建在大殿的东北角，平面呈四方多角形。塔基甚高，沿阶数级而达第一层，四面各有龛室三间，内有塑像，每面都有明梯通往二层。二层每面只有龛室一间，亦各有塑像。第三层为覆钵形的塔身，上置相轮宝刹，刹身很长。相轮分为三级，每一级自方形托盘上置相轮九环，中间一段为第二级，有相轮七环，第三级有相轮五环。伞盖上承宝瓶和宝珠。塔身为绿色琉璃砖砌成。砖为土加粗沙烧制，质地坚硬，釉色苍郁而富有光泽，极其精美。

【红塔】

红塔建在大殿的西南角，造形极为特殊，塔身用砖石砌成，形方而实圆，状如覆钟，腰部以上呈环状纹，上部为覆钵形塔腹，宝刹之上置两段相轮，上为七环，下为九环，塔身为土红色并泛有光泽。黑塔建，刹盘上托宝剑。第二级相轮七环，上即瓶盖和宝珠。塔身为条砖砌成，全为黑色。

【黑塔】

黑塔位于大殿的西北角，7层，高约15米，塔形也很特殊。塔身如三叠覆锅，刹盘上托宝剑。第二级相轮七环，上即瓶盖和宝珠。塔身为条砖砌成，全为黑色。据《贤者喜宴》，黑塔以如来佛之遗骨为饰物，其形制是独觉佛风格。

佛寺

西藏山南昌珠寺

经幡迎风展
转经回廊曲
画中有禅意
汉藏相交融

昌珠寺

昌珠寺是西藏吐蕃时期第一个佛堂，属格鲁派寺院，后发展成为寺庙。昌珠寺建于前弘期，采用典型的曼陀罗平面布局模式及砖木结构，以措钦大殿为主要建筑，包括外、中、内三条转经回廊，整个寺庙群落由大经堂、神殿、僧舍和转经回廊错落有序地组合起来，既具有鲜明的藏族建筑艺术特色，又呈现出汉藏文化交融的效果。

历史文化背景

昌珠寺位于贡日山南麓，距今已有1300多年的历史，是西藏吐蕃时期第一个佛堂，由松赞干布主持修建，属格鲁派寺院。后发展成为寺庙，今天的规模是在14世纪绛曲坚赞时代基本定型和延续下来的。

五世达赖时期曾对该寺作过较多修缮和增建，加盖了大殿金顶、措钦大殿门的门楼，除其底部留有少量原来建筑外，其余皆五世达赖时期改建和增建。该寺前庭院南侧的桑阿颇章也系其时的建筑。七世达赖格桑嘉措亦曾修缮此寺。这次修缮和扩建后的昌珠寺，规模比以前扩大了百倍，面积达4667平方米（长81米、宽57.6米），拥有21个拉康和漫长的转经回廊，屋顶饰以富丽堂皇、熠熠生辉的金顶，更显得非同凡响。

昌珠寺的建筑群体是西藏地区建筑历史上的光辉成就之一，是中国人民勤劳智慧的宝贵结晶，也是西藏文化、宗教发展演进的

物质见证。1961年3月4日，国务院正式将昌珠寺列为全国第一批重点文物保护单位之一。

建筑布局

昌珠寺建于前弘期，采用典型的曼陀罗平面布局模式，由措钦大殿、转经回廊及廊院组成，共二层，砖木结构。经扩建后，它分前后两部分，前部为一小庭院，后部是以大殿为中心的拉康大院。

小庭院长23.6米，宽16米，周围一圈回廊，廊顶一层僧房。庭院北侧系桑阿颇章，约建于17世纪以后，是南宗宁玛派为便于该派僧众朝见来此礼佛的达赖喇嘛而修建的住房，故其内茶房、柴房、粮物仓库、膳食、住房一应俱全。后来又于1938年将其底层正中改建为三进三间的密宗拉康。桑阿颇章的地下还有一暗道，暗道从颇章外边西南一隅通出，里边的出口则在拉康内西墙南侧北端附近，暗道内还有两个狭长的储藏室。

昌珠寺的拉康大院，为该寺的主体和建筑精华所在。大院前有高大的门廊，门廊两端与围绕在整个大殿外面的转经回廊相接，围成一周，是为该寺外转经回廊。大院内，前部中央为天井院落，其后接措钦大殿。围绕天井院落和措钦大殿一周，则是内转经回廊。沿着中转经回廊四周，内向分布着12个内容各异的拉康，形成了井然有序的朝佛"流水线"，信徒们循此便被导引去依次朝拜各个佛尊。这种布局和大昭寺大殿布局是很相似的，都是坐东朝西，都有一个由众多房舍包围起来的封闭式天井，整个寺庙群落由大经堂、神殿、僧舍和转经回廊错落有序地组合起来，既具有鲜明的藏族建筑艺术特色，又体现出了汉藏文化的交融。

建筑特色

拉康大院门外两侧塑护法神像二尊,站于两旁;门内两边又塑四大天王,分立左右。

中转回廊均以单拱柱或十字拱柱承檐,但拱柱形制有早有晚,早期拱柱下的础石形如复盆,上刻莲瓣,后期础石则无雕凿。回廊南北西三面墙壁上均有壁画,南北壁绘佛传故事,西壁则绘五世达赖、固始汗、第巴桑结三像,壁画似清代以后的作品。

主要建筑措钦大殿下层布局和形式与大昭寺大殿相仿,寺门朝西,宽深各三间,中间为经堂,有60根粗大的木柱支撑。殿内供奉一尊由全铜浇铸而成的三世佛像,是全寺僧人每日诵经和举行重要宗教活动的场所。在大殿的第二层,设有达赖喇嘛的行宫和贵族专用的休息室。大殿的周围分别排列着12座神殿,每座神殿供奉的神佛菩萨各不相同。

昌珠寺主寺对面的小殿,名"乃定拉康",习惯上则常称"乃定学"(第一层)、"乃定当"(顶层)。乃定学东西长10.2米,南北宽7.3米,内有六柱。殿内后壁原供奉佛像甚多,本尊为松赞干布。乃定当与乃定学范围相同,本尊为莲花生。这幢早期建筑建成时是用"贝玛"草堆砌起来的,而建筑则是石木结构,是晚期修缮的格局。

【史海拾贝】

"昌珠"是藏语"鹏与龙"之意。相传吐蕃王松赞干布时代,当时此地为一片大水,内藏毒龙,松赞干布想泄水筑城,用法师之计,以大鹏降龙,7日水干,筑基建寺。

另一则传说则是:文成公主初入藏时,夜观天象,日察地形,发现吐蕃全域的地形极似一仰卧的罗刹女,极不利于吐蕃王朝立国,须在罗刹女的心脏和四肢建庙以镇之。于是昌珠寺便屹立在了罗刹女的左臂上。

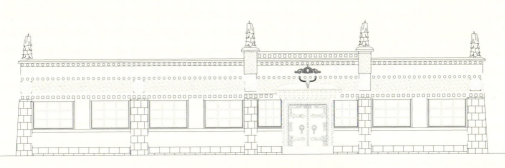

佛寺

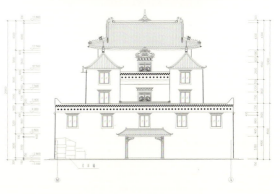

佛寺

宗教建筑

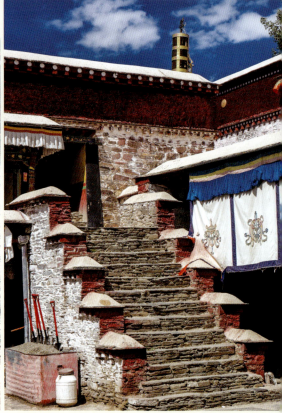

佛寺

西藏山南 康松桑康林寺

空窗尤可忆
佛祖今倍忙
慧光千万丈
日夕满殿堂

康松桑康林寺

康松桑康林寺位于西藏扎囊县桑伊乡，是研究藏传佛教前弘期寺庙建筑中的一个重要实例。康松桑康林寺把佛殿与经堂结合在一起，形成前堂后殿的格局。其主殿结构简单轻巧，无大梁，只是用华藻的昂、跳、枋等组合承托天花板，具有一定的汉式建筑风格，但在柱头等局部却具有当地藏式建筑特点，反映出西藏早期佛教建筑积极吸收和融合其他民族文化的特点。

历史文化背景

康松桑康林寺，位于西藏扎囊县桑伊乡桑耶寺西南侧树林之中，创建于8世纪晚期，由吐蕃赞普墀松德赞的一位王子按照桑耶寺乌孜大殿的式样修建，是藏传佛教前弘期寺庙建筑中的一座重要建筑。

建筑布局

寺庙坐东朝西，占地面积4 000平方米，总平面呈方形。主殿居中，高四层18米，由门廊、大经堂和佛殿组成，周围有二层的僧舍，四面各有一座大门，正门是西大门。主殿前是一片空地，地面用鹅卵石铺垫。主殿中的佛殿位于经堂后部，平面为方形，内立四柱，转经回廊环绕佛殿。佛殿顶层是护法神殿，殿外是转经回廊。康松桑康林寺是最早把佛殿与经堂结合在一起，形成前堂后殿的格局的寺庙之一。

建筑特色

　　主殿大门有一间两根十二楞柱的门房，门房墙壁绘有四大天王像。门内便是第一层的大经堂，面阔五间进深四间，有方柱12根，有的方柱直通二层顶部。柱头雕饰华丽，有莲花、莲珠、垂草纹等。在大经堂左右两边，还各有两间小库房。通过大经堂后中部的三道木门到佛殿，殿内东西有四排方柱，柱头饰有莲花、垂草纹等图案。壁画以十六罗汉为主，还有释迦牟尼佛像等内容。围绕佛殿有一周回廊，廊壁绘有释迦牟尼佛、金刚护法神等壁画。主殿第二层中后部被第一层高大的经堂和佛殿占了一部分面积，所以第二层只有左右两边几间矮小的房舍。在第二层前面有一片宽敞的阳台。

　　主殿第三层仅有一座佛殿。殿前有一排南北向的门廊，有方柱4根，廊壁绘有长寿图和佛教图徽。佛殿面阔三间进深三间，壁画以莲花生像为主。佛殿四周为转经回廊，西部回廊左边绘有桑耶寺失火后重修竣工时的庆祝场面，琼结、乃东等地派代表来庆贺，载歌载舞，热闹非凡；另外的回廊还绘有释迦牟尼佛、无量寿佛、无量光佛、菩萨、罗又及释迦涅槃像等壁画。

　　主殿第四层是护法神殿，建筑风格奇特别致。围绕神殿有一周转经回廊，回廊外墙，每壁各设两面小窗；神殿四壁又各有一门。神殿除西壁有两扇大窗外，在四壁顶部，每面各有两扇小窗。门窗如此之多，在西藏地区其他寺庙神殿中并不多见。神殿最别致的设计是殿内的木结构，根方柱立于中部，面阔三间进深三间；柱头雕饰同样是莲花、宝珠及垂草纹等内容；同时柱头顶部雕有假斗，斗上是具有地方特色的十字形华拱，上有繁缛的雕刻绘画装饰。

　　整个神殿内雕梁画栋，富丽堂皇，其结构简单轻巧，无大梁，只是用华藻的昂、跳、枋等组合承托天花板，具有一定的汉式建筑风格，但在柱头等局部却有当地藏式建筑特点，反映出西藏早期佛教建筑积极吸收和融合其他民族文化的特点。

宗教建筑

宗教建筑

【昂、跳、枋】

昂是中国古代建筑一种独特的结构——斗拱结构中的一种木质构件，是斗拱中斜置的构件，起杠杆作用，利用内部屋顶结构的重量平衡出跳部分屋顶的重量。又有上昂和下昂之分，其中以下昂使用为多。上昂仅作用于室内、平坐斗拱或斗拱里跳之上。

跳即斗拱的出跳：出跳的轴线到中轴线的距离为一跳，一般前后各出一跳。出一跳叫三踩（四铺作），出两跳叫五踩（五铺作），一般建筑（牌楼除外）不过九踩（七铺作）。

枋，横架在柱头上连贯两柱的横木，在柱子之间起联系和稳定作用的水平向的穿插构件，它往往是随着梁或檩而设置。中国传统建筑的枋以其位置之不同分为四种：在檐柱上的称为额枋，在金柱上的称为老檐枋，在五架梁上的称为上金枋，在脊瓜柱上的称为脊枋。

西藏山南扎塘寺

坛城觅踪影
古寺遇浩劫
残垣见历史
雕像刻时光

扎塘寺

扎塘寺是位于西藏自治区山南地区扎囊县扎塘镇的一座藏传佛教萨迦派寺院，原是扎巴恩协创立的扎巴派的祖寺。扎塘寺坐西朝东，寺院的建筑格局为曼陀罗"十"字形制。其主殿的建筑构思、殿堂布局、建筑风格和手法都受到了西藏第一座寺院——桑耶寺建筑思想的影响，建筑格局安排合理、设施齐备，其室内装饰生动地展示了藏传佛教装饰艺术的审美情趣与宗教意蕴。

历史文化背景

扎塘寺位于扎囊县，是在西藏佛教"后弘期"（10世纪后叶，佛教在藏区复兴，是谓"后弘期"佛教）开始不久，由扎巴恩协

（1012-1090年）创建于1081年，原名"昂丹扎塘寺"，意为"五有扎塘寺"。"昂丹"（"五有"）是指桑耶寺没有的五大优点：一为主殿底层的转经回廊比桑耶寺多一弓（宽0.米）；二为中层转经回廊绘制有千佛像壁画；三为主殿底层象征龙王卓思坚；四为主殿中层象征南王月杰钦；五为主殿上层象征药王热瓦拉。

扎巴恩协是11世纪卫藏的知名高僧，与年从鲁梅派出家，所以被鲁梅派视为本门高僧；又因有印度高僧当巴桑结教授之"息结九炬"教法，而被藏史列入息结派传承之派系；大量伏藏的发现，又使他同宁玛派有了

联系；此外，他还是知名的藏医专家及有成就的占星术大师。

扎巴恩协70岁时，扎塘寺奠基。1090年，扎巴恩协因弟子为其治病时发生失误而圆寂，享年79岁。此时扎塘寺的主体建筑已基本完成，扎巴恩协的两位侄子继续完成了余下的建设工作。1093年，扎塘寺正式竣工。总建此寺的时间计经13年。

扎塘寺最早属扎巴派，由于扎巴恩协被鲁梅派视作本派传承者，故扎塘寺也被列入鲁梅派的重要寺院，并成为鲁梅派的四大圣地之一，因其建筑本身的精美壮观，而成为鲁梅派寺院中的经典作品。扎巴恩协圆寂后，接任扎塘寺堪布的邓金巴是鲁梅派兼噶当派高僧。这位高僧及其继承者们将扎塘寺原有的鲁梅派传承与后来的噶当派经典结合，形成了一种结合了鲁梅派的"东律"与噶当派的混合学派。到11世纪末，扎塘寺已经成了噶当派僧人传教之所，而鲁梅派的"东律"也继续在扎塘寺中获得保存。

13世纪中期，萨迦王朝统治整个西藏，萨迦教派寺院的势力也随之强大，许多异教派的寺院改属萨迦派，扎塘寺亦在此时改属萨迦教派。

蒙古准噶尔部入侵西藏时，扎塘寺遭受严重破坏。1930年代，第五世热振活佛担任西藏摄政时，扎塘寺进行了全面修缮。主殿二、三层全部拆除重修，主殿一层的个别柱子也进行了更换。

1950年代西藏民主改革后，扎塘寺成为扎囊县人民政府的所在地。在"文化大革命"中，扎塘寺的附属建筑被全部拆除；主殿也仅存底层，并被长期用作扎囊县的粮食仓库。直到1984年夏，主殿底层仍然是中共扎囊县委的粮食仓库。1995年初，粮食已从主殿的中心佛堂内清理出来，主殿底层进入维修阶段。1995年以后，开始了扎塘寺的维修，寺中心佛堂的壁画保护也获落实。1996年，扎塘寺被列为全国重点文物保护单位。

建筑布局

扎塘寺的整个建筑布局，是按照佛教密宗的曼陀罗建造而成，即所谓"坛城"。可惜在"十年浩劫"中大部分建筑被毁，现仅存主殿和残缺围墙。围墙原有内、中、外三重：内、中围墙呈多边方形，今已不存；外围墙呈椭圆形，南北长，东西窄，周长750米，因此扎塘寺的主殿便不位于外围墙内的正中心，而是偏向一方。围墙外还有壕沟一道，起防御功能。多边形围墙里，原有许多附属建筑，其中东面有僧舍、阳台、拉章；西面有卓玛拉康、顿库拉康；南面有贡布佛殿、登增佛殿；北面有观音佛殿。中围墙内有夏季诵经场、库房、伙房等墙内有夏季诵经场、库房、伙房等建筑。在外围墙有几季拉康和大塔。

从扎塘寺的早期建筑布局来分析，当时的建筑格局安排合理、设施齐备，既考虑了僧人们集体诵经的需要，也考虑了静坐修习的需要。

建筑特色

主殿坐西朝东，平面呈不规则的"十"字形。第一层主要由门廊、经堂、佛殿、回廊等组成。主殿原高三层，现仅存一层，其他两层在十年浩劫时被毁。主殿为石墙，整齐美观，前面左右两墙角上部各镶有一尊半身木狮、龅牙咧嘴，雕刻细腻。寺外墙上还镶有石刻佛教图案和人物造像等。门廊有方柱2根，面积34.2平方米（南北长17.1米，东西宽2米）。壁画有四大天王及动物鹿、象等。门廊左右两边还各设有一小门，这种设计甚为少见。

经堂大门宽3米，两扇大门上部各镶有2尊圆形铜象。经堂面阔五间进深六间，有柱20根，呈八棱形（14根）和方形（6根），均高3.9米，其中6根最高达6.7米。八棱形柱绘有马头金刚、文殊菩萨和莲花、卷草纹等图案；方形柱雕饰华丽，有莲花、宝珠、卷草纹、龙、狮等，富丽多姿。经堂左右两边还各有一间密室：左边密室面阔三间进深五间；右边密室已毁。

佛殿大门为三拱形木门，总宽6米，高5.8米。门扇中间装有铁丝编织网，下边木板上绘有菩萨、四大天王像，上边镶有三对铜狮。门楣之上有斗拱承托房顶。围绕佛殿有一周转经回廊，廊两壁满饰壁画。

佛殿内装饰艺术的这些不同形制的装饰图案生动地展示了藏传佛教审美情趣与宗教意蕴。

宗教建筑

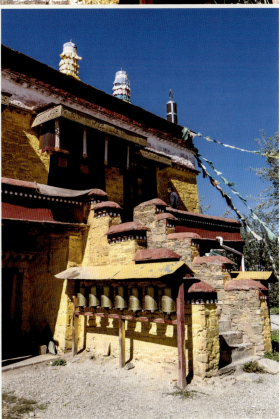

宗教建筑

佛寺

青海西宁塔尔寺

片石砌成塔
名寺错落成
宝阁镶金瓦
汉藏此相逢

塔尔寺

塔尔寺是喇嘛教格鲁派（黄教）六大寺院之一，是为纪念黄教鼻祖宗喀巴而建。其主要建筑依山傍塬，分布于莲花山的一沟两面坡上，布局自由，高低错落。建筑集汉藏技术于一体，独具匠心地把汉式三檐歇山式与藏族檐下巧砌鞭麻墙、中镶时轮金刚梵文咒和铜镜、底层镶砖的形式融为一体，和谐完美地组成一座汉藏艺术风格相结合的建筑群。

历史文化背景

塔尔寺位于青海省西宁市西南25千米处的湟中县城鲁沙尔镇，湟中是宗喀巴的诞生地，后世佛教徒为纪念他，于明代中晚期开始在此修建寺庙，历时400年，终于建成这片宗教城。

宗喀巴大师早年学经于夏琼寺，16去西藏深造，改革西藏佛教创立格鲁派（黄教），成一代宗师。宗喀巴去西藏六年后，其母香萨阿切盼儿心切，让人捎去一束白发和一封信，要宗喀巴回家一晤。宗喀巴接信后，为学佛教而决意不返，给母亲和姐姐各捎去自画像和狮子吼佛像1幅，并写信说："若能在我出生的地点用十万狮子吼佛像和菩提树（指宗喀巴出生处的那株白旃檀树）为胎藏，修建一座佛塔，就如与我见面一样。"第二年，即明洪武十二年（1379年），香萨阿切在信徒们的支持下建塔，取名"莲聚塔"

此后180年中，此塔虽多次改建维修，但一直未形成寺院。

明嘉靖三十九年（1560年），禅师仁钦宗哲坚赞于塔侧搭建静房1座修禅。17年后的万历五年（1577年），又于塔之南侧建造弥勒殿。至此，塔尔寺初具规模。万历十年（1582年）第三世达赖喇嘛索南嘉措第二次来青海，翌年春，向仁钦宗哲坚赞及当地申中、西纳、祁家、龙本、米纳等藏族部落吊索指示扩建塔尔寺，赐赠供奉佛像，并进行各种建寺仪式。从此，塔尔寺发展很快，先后建成达赖行宫、三世达赖灵塔殿、九间殿、依怙殿、释迦殿等建筑。万历四十年（1612年）正月，正式建立显宗学院，并经开法，标志着塔尔寺成为格鲁派的正规寺院。

从清康熙以来，朝廷向塔尔寺多次赐赠，有匾额、法器、佛像、经卷、佛塔等。该寺的阿嘉、赛赤、拉科、色多、香萨、西纳、却西等活佛系统，清时被封为呼图克图或诺们汗。其中，阿嘉、赛赤、拉科为驻京呼图克图，有的还当过北京雍和宫和山西五台山的掌印喇嘛。正是因为这些特殊原因，塔尔寺迅速发展，规模越来越大，成为藏传佛教格鲁派蜚声国内外的六大寺院之一。

塔尔寺现存总建筑9 300余间，占地40余公顷，殿堂25座，主要为大金瓦殿、大经堂、九间殿、小金瓦殿、花寺、大拉让、弥勒佛殿、释迦佛殿、依怙殿等。最盛时有僧侣3 600多人，新中国成立初期尚有1 983人。

由于历史积累，塔尔寺文物极为丰富，有建筑、法器、佛像和文献藏书等，使寺院成为一座艺术的宝库。该寺设有显宗、密宗、时轮、医明四大学院和欠巴扎仓，研习佛学和藏族语言、文字、天文、历算、医药、舞蹈、雕塑、绘画、建筑等各方面的知识，该寺印经院创建于道光七年（1827年），所印藏文经典及各种著述，畅销藏区各地。该寺于每年农历正月、四月、六月、九月分别举行4次全寺性的大型法会，称之为"四大观经"。届时，各地群众云集，规模盛大。另外，农历十月下旬有纪念宗喀巴圆寂的"燃灯五供节"和年终的送瘟神活动。

建筑布局与特色

塔尔寺是先有塔，而后有寺，故名塔尔寺。其建筑依山傍塬，分布于莲花山的一沟两面坡上，布局自由。主要建筑包括大金瓦殿、小金瓦殿（护法神殿）、大经堂、四座经学院、活佛公署和众多僧舍，组成一庞大的藏汉结合的建筑群，占地面积45万平方米。

塔尔寺殿宇高低错落，交相辉映，气势壮观。其中密宗经院是喇嘛们平时修习密宗的殿堂，建筑外形为藏式，平屋顶，前院有群房，外墙设梯形窗，屋顶布置金顶，建筑布局轴线分明，入口上方设汉式歇山琉璃顶；大金瓦殿是该寺的主建筑，位于寺中心，绿墙金瓦，灿烂辉煌。它们与小金瓦殿（护法神殿）、大经堂、弥勒殿、释迦殿、依诂殿、文殊菩萨殿、大拉让宫（吉祥宫）、另外三大经院（显宗经院、医明经院、十轮经院）和酥油花院、跳神舞院、活佛府邸、如来八塔、菩提塔、过门塔、时轮塔、僧舍等建筑形成了错落有致、布局严谨、风格独特的建筑群。

塔尔寺建筑涵盖了汉族宫殿与藏族平顶的风格，独具匠心地把汉式三檐歇山式与藏族檐下巧砌鞭麻墙、中镶时轮金刚梵文咒和铜镜、底层镶砖的形式融为一体，和谐完美地组成了一座汉藏艺术风格相结合的建筑群。

佛寺

【塔尔寺八宝如意塔】

塔尔寺有十余座塔，总入口处有过街塔，小金瓦殿后有八宝如意塔齐整并列，小花寺侧有一座佛塔，以及纪念宗喀巴的银塔。八宝如意塔位于护法神殿与活佛公署前的广场上，建于清乾隆四十一年（1776年）。塔为印度窣堵坡式，下为大型台基，往上为方形束腰须弥座，置圆形塔肚，窄上置十三天，伞盖仰月刹。这些塔全为喇嘛塔式样，台基与基座特别大，塔身则较小。一系列的八座塔整齐地排列在广场上，象征着释迦牟尼的八相成道。

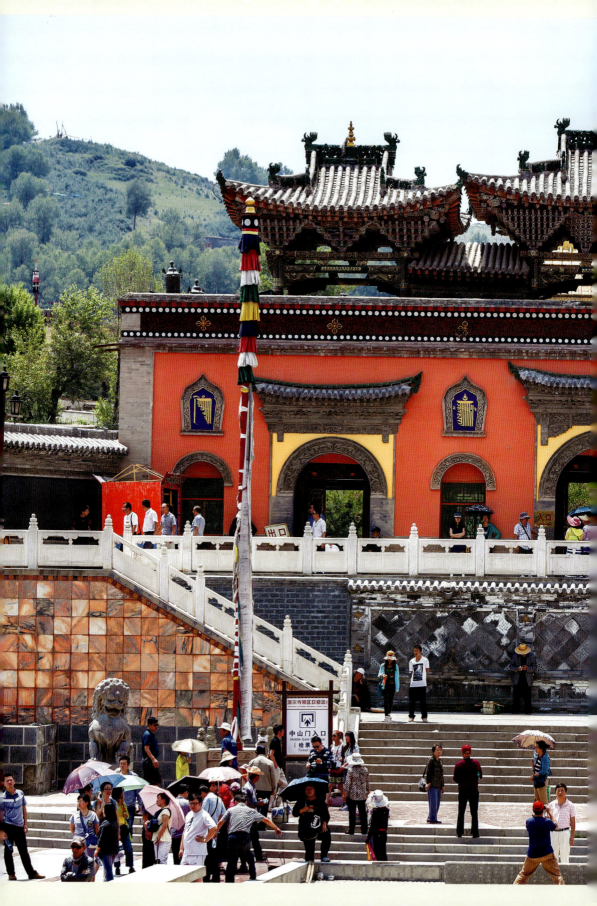

宗教建筑

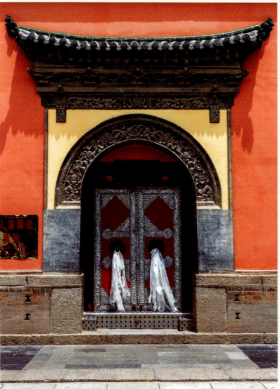

佛寺

佛寺

宗教建筑

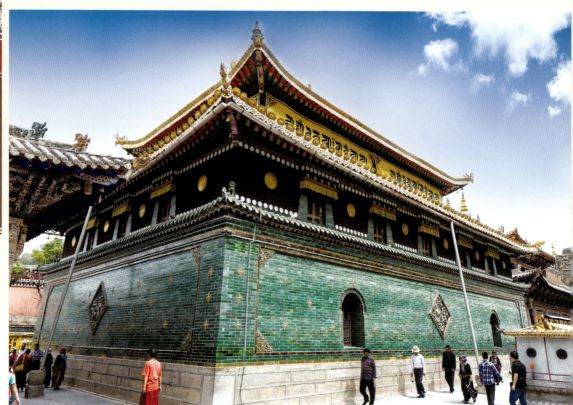

佛寺

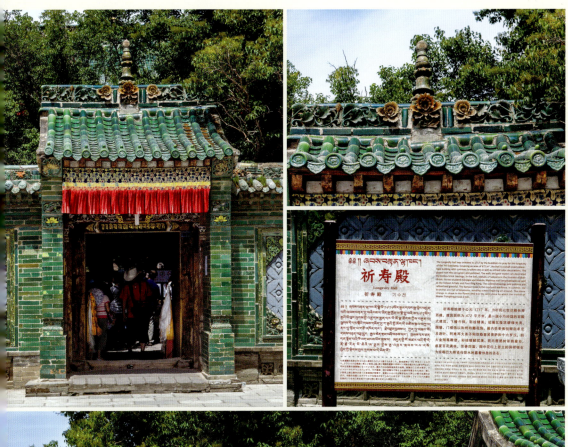

祈寿殿 Longevity Hall 기수전

宗教建筑

青海黄南隆务寺

弘修妙悟
国师常在
西域胜境
寺庙永存

隆务寺

隆务寺位于青海省黄南藏族自治州，是青南地区最大的格鲁派寺院。乃一座依山而建、坐西朝东的建筑群。现存大大小小的经堂、佛殿星罗棋布，布局错落有致，藻饰华丽宏伟。建筑风格为藏汉合璧，远远望去，隆务寺飞檐斗拱与堡式红墙融为一体，琉璃瓦与镀金宝瓶饰交相映辉，一片金光灿灿。

历史文化背景

隆务寺位于青海省黄南藏族自治州府所在地隆务镇的西山脚下，是青海较古老的藏传佛教寺院之一，也是青南地区最大的格鲁派寺院。"隆务"系藏语，意为农业区。隆务寺，藏语全称是"隆务贡德钦却科尔林"，意思是"隆务大经院"。隆务寺始建于元朝大德五年（1301年），后明王朝根据边疆少数民族虔诚信教的特点，采用投其所好的政策，大肆敕建寺院，赐封禅师，以此来笼络人心。明洪武三年（1370年），明王朝准许扩建寺庙，并正式取名隆务寺。

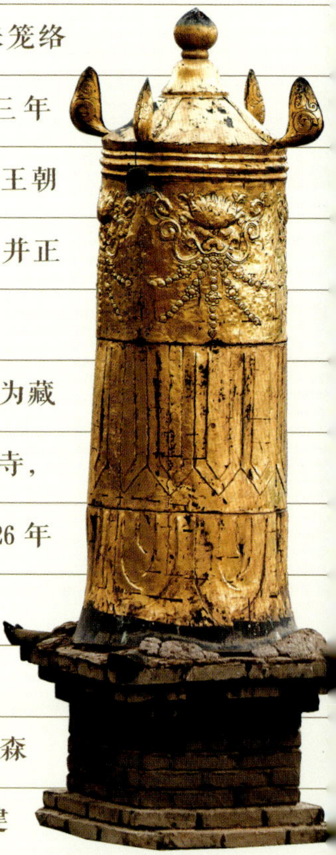

隆务寺最初为藏传佛教萨迦派小寺，明宣德年间（1426年前后），当地名僧三木旦仁钦与其胞弟罗哲森格，维修并扩建

了该寺。三木旦仁钦的祖父阿米拉杰出生于前藏念唐拉山下的丹科绒吾，是一位专修明咒的瑜伽师，并擅长医术。他受大元帝师八思巴的差遣，来到隆务，其子隆钦多代本为隆务土官，生有9子，长子即为三木旦仁钦。他自幼出家，曾拜格鲁派创始人宗喀巴的启蒙老师顿珠仁钦为师，并受比丘戒。三木旦仁钦的胞弟罗哲森格，是一位

佛学造诣极深的高僧，受到明宣德皇帝的器重，被封为"弘修妙悟"国师。从此，隆务寺隆务家族声名大振，在隆务河流域行使区域性的政教合一统治。其后，该家族中又有5人得到国师封号。

明万历年间（1573-1620年），格鲁派已在青海地区很有影响，隆务寺遂改宗格鲁派。在明王朝的扶持下，由该寺僧人与当地群众建成大经堂。明天启五年（1625年）熹宗帝题"西域胜境"匾额，悬于新建大经堂门首。1607年，夏日仓噶丹嘉措诞生于隆务家族，被认定为三木旦仁钦的转世，从而形成了夏日仓活佛系统。1630年，噶丹嘉措开始主持隆务寺，并修建显宗经院。清乾隆三十二年（1767年），一世夏日仓被乾隆皇帝封为"隆务呼图克图宏修妙悟国师"，成为隆务寺寺主和隆务寺所属十二族政教首领，历辈转世，直到新中国成立前，在同仁地区行使区域性的政教合一统治。该寺于清雍正十二年（1734年）由第二世夏日仓阿旺嘉措建立密宗学院，乾隆三十八年（1773年）由第三世夏日仓根敦赤列拉杰创建时轮学院，隆务寺从而发展成显密双修的格鲁派大寺。

建筑布局与特色

隆务寺现主要建筑有大经堂、修习殿、夏日仓殿、观音殿、天女殿、文殊殿、七世夏日仓灵塔及密宗院、时轮院等20余座以及塔8座。大大小小的经堂、佛殿星罗棋布，布局错落有致，藻饰华丽宏伟。

整个寺院坐西朝东，所处地势平坦而宽阔，背山低矮而陡峭。由于隆务地区藏汉族杂居，建筑物亦多为藏汉合璧式。寺四周筑有5米高的围墙，在东西和南面开有两处山门，门楼上建有嘛呢经轮，飞檐斗拱，状似城楼。远远望去，隆务寺飞檐斗拱与堡式红墙融为一体，琉璃瓦与镀金宝瓶饰交相映辉，一片金光灿灿。寺北的8座佛塔，称做"如来八塔"，是为纪念佛祖释迦牟尼一生八大功德而建。寺后山坡依山势建有夏日仓活佛的夏宫，寺内北侧有90余座僧舍，独家独院，排列有序，围墙皆粉以白色石灰，使之与当地民居有明显差别。

位于寺院中央的大经堂，又称总经堂，是全寺最大建筑，建筑面积达1 700平方米，周长170米。大经堂前面是个近10 000平方米的广场，为广大僧俗举行重大佛事活动的场所，围墙高耸，涂以赭红色，东墙一字排开10余间嘛呢转筒房。大经堂建筑在石基上，拾阶而上，赭红色的墙壁挺拔而厚实。平顶、坡顶组合成的复合式屋顶，解决了殿堂的采光问题。这座大经堂酷似中世纪的城堡，高大雄伟又带有几分神秘，在该寺众多的建筑中，是为数不多的地道的藏式古典建筑之一。堂内四壁绘有大型壁画20余处，堆绣、唐卡数十幅，幡幢、柱裙从堂顶直垂到距地1米余，将经堂装点得富丽堂皇。

佛寺

宗教建筑

佛寺

佛寺

宗教建筑

佛寺

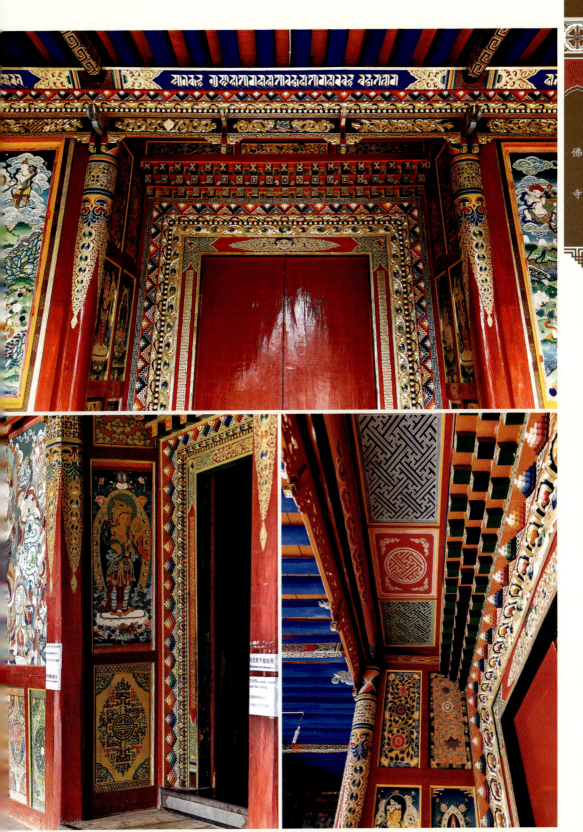

青海西宁却藏寺

楼台耸碧苓
千佛渡人心
凝香眠龖龺
龙凤向朝阳

[却藏寺]

却藏寺是一座藏传佛教格鲁派寺院，位于今青海省西宁市南门峡镇政府所在的本朗扎西滩。却藏寺坐南朝北，依山而建，呈中轴线对称布局。整个建筑群由点及面，鳞次栉比，空间层次十分丰富。核心建筑千佛殿采用优美华丽的汉式歇山屋顶，其外层全部用鎏金的铜瓦铺就，延续藏式传统建筑风格的同时，也融入了诸多汉族建筑元素。

历史文化背景

却藏寺是一座藏传佛教格鲁派寺院，藏语称"嘎丹图丹拉杰岭"意即"具喜佛教宏扬洲"。该寺位于互助县城北约20千米处，今南门峡镇政府所在的本朗扎西滩（却藏滩），是互助土族自治县唯一一座国家级重点文物保护单位。

却藏寺由一世却藏南杰班觉（1578-1651年）始建于清顺治六年（1649年）。雍正元年（1723年）因罗卜藏丹津事件被毁，后重建。乾隆三十年（1765年），清廷赐"广教寺"（亦云广济寺）匾额，许建九龙壁1座，不久再赐"祥轮永护"匾额。清同治年间，再次毁于兵燹。

光绪十三年（1887年），五世却藏罗桑图登雪珠尼玛（1859-1913年）重建该寺，僧侣人数曾达270余人。1958年前，常住寺僧150余人，建有大经堂、小经堂和千佛殿，并有却藏、章嘉、赛赤、归化、莲花、丹斗、阿群、麻干、夏日等活佛的拉让（府邸）和吉哇昂建筑宏伟。

全寺设有显宗、时轮学院，采用哲蚌寺郭莽扎仓教程，下辖有化隆县的夏琼寺、湟源县的扎藏寺、海南州贵德县的白马寺、海西州乌兰县的都兰寺和新疆焉耆县哈拉沙的却藏木寺、和靖县的夏日苏木寺等众多属寺，在青海省海东、海西、海北的藏、土、蒙古族中很有影响。寺院所在的南门峡、海北门源县的黄城、苏吉滩，刚察县及海西都兰等地的藏族、蒙古族、土族群众为其主要信仰者。

寺主却藏活佛，是清朝在青海宗教界最早敕封的呼图克图之一。其第一世为南杰班觉（西藏堆垅人，为哲蚌寺高僧），二世是罗桑丹贝坚赞（1652-1723年），三世乃阿旺图登昂秀（1725-1796年），四世是罗桑图登热吉（1797-1858年），五世为罗桑图登雪珠却吉尼玛（1859-1913年），六世则是罗桑丹贝昂秀（1914年生，现任省佛协副会长、佛学院副院长等职）。

却藏寺除却藏昂和章嘉昂的一部分外，其他建筑于1958年拆毁。1980年6月批准开放，现重建经堂座，僧舍24间。

建筑布局

却藏寺坐南朝北，依山而建，呈中轴线对称布局。东西二山环抱，东似凤凰展翅，西如盘龙绕卧，北靠龙首，呈龙凤朝阳之状。寺前5千米处横卧的青狮、白象二山似屏障，巍峨壮观。却藏寺的建筑规模极其宏伟，院堂、楼阁、厢房等融藏汉风格为一体。

整座寺院由众多的殿宇、经堂、佛塔、僧舍等组成，建筑古色古香，华丽庄严，包括宫式山门1座，廊房108间，铜制经轮400余件，以及佛堂、经堂、佛宫、囊所（佛府）、僧舍等310处。整个建筑群由点及面，鳞次栉比，空间层次十分丰富。

设计特色

千佛殿作为却藏寺的核心建筑，在延续藏式传统建筑风格的同时，也融入了诸多汉族建筑元素。近年仿照原却藏拉让的4柱经堂重修的千佛殿采用砖木结构，分上下两层，共42间。其汉式歇山屋顶优美华丽，能使柔和的光线自然地播洒到诵经大厅。同时，屋顶外层全部用鎏金的铜瓦铺就，并在屋脊装饰6条镀金的大小金龙，其中大金龙重达400余斤，再加上殿顶中央的金制宝瓶，仅黄金就用去了3 000余两。灿烂的阳光下，金龙栩栩如生，金顶辉煌夺目。大殿主体外墙坚固厚重，收分明显。饰以红、黄、花三色为主的彩绘，分别代表藏传佛教的宁玛、格鲁和萨迦等教派。在千佛殿周围，环绕装有铜制经轮的长廊，每天清晨和黄昏，400余个经轮在信徒们的手中逐一转动，仿佛一条哗哗流淌的金色河流。

千佛殿内部更是一个色彩斑斓的世界，极其珍贵的佛像、法器、壁画琳琅满目。殿内供奉的高达八尺的镀金释迦牟尼佛像，完全按照拉萨大昭寺仿制。头冠用300多两黄金和大量名贵宝石制成，胸部护心镜上，镶有7颗由珍珠和珊瑚、玛瑙串成的念珠。佛堂内陈列着高一尺五寸的铜质镀金如来佛像1 005尊，故称千佛殿。

佛寺

宗教建筑

佛寺

宗教建筑

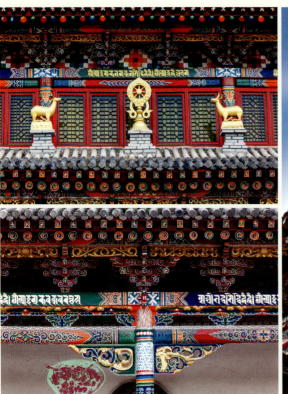
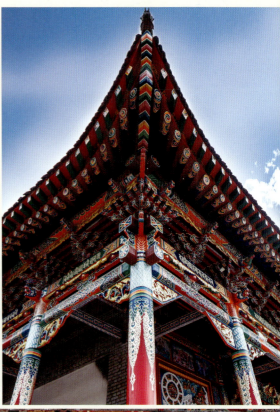

佛寺

道观

道观为中国古代道教建筑的主要形式,是供道教神像、供道士和道姑修炼及居住的场所。

道教发源于中国本土,东汉末年张道陵用方符咒之术创造了天师道,被北魏的寇谦之继承并发展,正式建立道教,奉张道陵为天师,奉老子为道教的教祖和最高天神。唐代的帝王由于与老子同姓李,故推崇道教,尊称老子为玄元皇帝,并建造了规模巨大、殿、寝、堂、阁、门、亭无所不有的宫观建筑。因此,道教的宫观建筑基本上是从古代中国传统的宫殿、神庙、祭坛建筑发展而来的,虽然规模不等,形制各异,但总体上却不外以下三类:宫殿式的庙宇;一般的祠庙;朴素的茅庐或洞穴。三者在建筑规模上有很大区别,但其目的与功用却是统一的。

道观的建筑原则与平面布局也都同于宫殿建筑,只是规模较小,而且在装饰及室内摆设上带有各自的宗教色彩。同时,道教宫观的建筑规格与其所供奉神祇的神阶及封建帝王对道教的是否崇奉有着密切的关系,故道教宫观建筑也有等级差别。

中 国 古 建 全 集

道教建筑布局方式主要有两种：一种是园林式建筑与自然环境中的山石、河水、树木互相结合在一起。这在道教建筑中占主要部分。另一种是依礼制布局，以中轴线贯穿，主要殿阁都建在中轴线之上，井然有序，严格按对称式布局。

道教宫观多为我国传统的群体建筑形式，即由个别的、单一的建筑相互连接组合成的建筑群。这种建筑形式从其个体来看，是低矮的、平凡的，但就其整体建筑群来讲，都是结构方正、对称严谨。这种建筑形象，充分表现了严肃而井井有条的传统理性精神和道教徒追求平稳、自持、安静的审美心理。这种以单个建筑组成的院落为单元，通过明确的轴线关系串联成千变万化的建筑群体使它在严格的对称布局中又有灵活多样的变化，而且这些变化又不影响整体建筑的风格。这种有机组合成的群体建筑，一步一步地向纵深方向展开，依次递进，表现出了建筑空间的艺术效果，使其更加宏伟壮观。

由于道教与我国传统文化有密切的关系，反映在建筑上，比佛教寺院更具有民族风格和民俗特色。本章主要从北方、西南、江南三大区域来具体呈现道教建筑的艺术魅力和文化价值。

北京火德真君庙

作客寻春易
游燕遇水难
石桥深树里
谁信在长安

火德真君庙

历史文化背景

北京地安门外大街什刹海东岸的火德真君庙始建于唐贞观年间。因"贞观之治",火德真君庙香火相当旺盛。

火德真君庙历尽唐宋两朝,至忽必烈建元定都,浚水利抓漕运,积水潭浩浩荡荡,江浙客货溯运河而上,直抵大都城闹市积水潭。火德真君庙恰好紧傍万宁桥漕运水道,香火供奉与楫橹咿呀之声让庙里供奉的火德之神尽享大元盛世繁荣。元至正六年(1346年),火神庙

火德真君庙位于北京地安门外大街什刹海东岸,始建于唐贞观年间。此庙坐北朝南,三进院落,有着不同于其他同类型古建筑的特征,如殿宇多使用琉璃瓦、有蟠龙藻井作为装饰、庙门内外均有牌楼、庙后以亭结尾而不是楼。因历经各朝代多次的重修及扩建,保留至今的火德真君庙的建筑特色别具一格。

重修。

明万历年间,宫廷连年发生火灾,万历三十三年(1605年),便重修火德真君庙,赐琉璃瓦以压

火。天启元年(1621年)熹宗朱由校刚即位就获悉明军在辽沈战场被后金打败,立刻命令掌管礼乐郊庙社稷事宜的太常寺官员每年农历六月廿二日祭祀火德之神,以挽救明朝危局。然而据迷信说法,五年后的五月初六上午,北安门内侍听到奇怪声音,循声找到庙里,竟有火球腾入空中,声震天宇。随之就是屋以千数、人以百数的倒塌与死亡——这无疑是明朝江山危亡的先兆。

清朝顺治八年(1651年)和乾隆二十二年(1757年),两位皇帝颁旨重修火德真君庙,门及后阁改加黄琉璃瓦,神秘的火德之神又获得更加尊贵的香火敬奉。

建筑布局

火德真君庙坐北朝南,三进院落。庙的山门东向,开在庙的东南角上,面对地安门外大街。山门内外原各有一座牌楼,现已毁。山门为歇山顶,面阔一间,黄琉璃瓦绿剪边。山门内原有钟楼、鼓楼。进山门,向西穿过配殿(已毁),进入南北向的院落。南面的倒座房是隆恩殿,面阔三间,歇山顶,供奉隆恩真君王灵官;北面正殿是火祖殿,面阔三间,进深三间,歇山顶,前出抱厦,供奉火神(南方火德荧惑星君);西面为一配殿。

设计特色

因历经各朝代多次的重修及扩建，保留至今的火德真君庙的建筑特色别具一格。

火德真君庙内殿宇多使用琉璃瓦。火神庙内，除了火祖殿两侧各两间及斗姥阁两侧各五间的配房为灰瓦外，其他诸座殿宇均有琉璃瓦覆顶。这是因为万历年间故宫及神坛火灾频繁，赐琉璃瓦镇火的缘故。至清乾隆时，又将山门及万岁景命阁增黄瓦，所以，如今的火德真君庙内，黄、绿、黑三色俱全。至于黑瓦，属等级较低的琉璃瓦，通常一些属于防御性的建筑多用黑瓦，但这里的黑瓦，应另有含意：黑为玄色，而北方属玄色，五行从水，故而以黑瓦覆顶，取意以水镇火。

火祖殿内有蟠龙藻井。藻井作为一种装饰物，不仅展示了等级的尊严，还体现了古人避火的一种观念。藻井之所以称之为藻井，一是因为轮廓多为八角，形似水井；二是因为早期的藻井在顶部多饰冗繁的纹样，酷似井中之水藻，故称之为"藻井"。所以，将一个"有水"、"有藻"的金井装饰在天花板正中，不仅有装饰效果，还有以水镇火之意。

庙门内外均有牌楼。老北京城过去的牌楼十分的多，而其中一大部分是庙宇的牌楼。较著名的有雍和宫、帝王庙、大高玄殿、东岳庙、白云观、孔庙、福佑寺等处的牌楼。然而，这些牌楼要么是正对着山门（白云观），要么就是当街（孔庙、帝王庙），要么就三座一组，构成最为壮丽的品字型牌楼广场（大高玄殿、雍和宫、东岳庙）。而火德真君庙则是在山门内外（东西）各有一座。

普通庙宇以后楼为最后结尾，而火德真君庙却在万岁景命阁后还有一水亭，可远观什刹海，实属罕见，可惜今已不存

宗教建筑

264

道观

宗教建筑

道观

宗教建筑

道观

宗教建筑

道观

陕西西安八仙宫

百二山河
周秦汉唐胜地
五千道德
老庄钟吕仙籍

八仙宫

八仙宫始建于宋朝，是西安最大、最著名的道教观院，位于西安市东关长乐坊与更新街交汇处。宫内现存建筑均为明、清风格建筑，布局紧凑，分中、东、西三路，前后共分三进院落，以中路为主要殿堂所在，依序布置灵官殿、八仙殿、斗姥殿等建筑，钟、鼓二楼分列左右。整座建筑错落有致，风格古朴，庄严雄伟，院落雅洁，蔚为壮观。

历史文化背景

八仙宫即万寿八仙宫，又名八仙庵，是西安最大、最著名的道教观院，位于西安市东关长乐坊与更新街交汇处，北起北火巷路，南至更新街，其中尤以长乐坊至八仙宫古玩市场最为繁华，更具特色。

八仙宫始建于宋朝，是唐朝兴庆宫局部故址。八仙宫以其美丽动人的"八仙"传说而享誉海内外，被视为道教仙迹胜地，八仙是道教传说中的八位神仙，即铁拐李、汉钟离、张果老、何仙姑、蓝采和、吕洞宾、韩湘子、曹国舅。据八仙宫碑石记载，宋时在此地下常闻隐隐雷鸣之声，百姓建雷神庙镇之。后有人于雷神庙看见八异人游宴于此，认为是"八仙"显化。遂建八仙庙祀之，称八仙庵。庵前竖有："长安酒肆"石碑，旁刻"吕纯阳先生遇汉钟离先生成道处。"据《列仙传》载：钟离权祖师于长安酒肆感悟吕洞宾，"黄粱梦觉"度其成仙，后人为纪念吕祖于此立祠祀之。

金、元之际，道教全真教大兴，全真者尊汉钟离、吕洞宾为北五祖，因而在仙迹古址"雷祖殿"、"八仙庵"基础上大兴土木，扩建庙宇殿堂。此时的八仙庵建筑已颇具规模。迨至明、清已形成道教十方丛林重点宫观，为西北数省道教徒授受戒律、学习道教知识的主要场所。

清光绪二十六年（1900年），八国联军入京，慈禧太后和光绪皇帝西逃到西安避难，驻跸八仙庵。后颁发1000两白银，命八仙宫道长李宗阳修建牌坊，为八仙庵颁赐"玉清至道"匾额，悬于庵前门领之上，并赐名"敕建万寿八仙宫"，"八仙宫"之名由此而来。新中国成立后，当地政府数次拨款整修。

建筑布局

八仙宫现占地面积7.3万多平方米，宫内明、清风格建筑，布局紧凑，分中、东、西三路。门、大牌坊、影壁、钟鼓楼等，山门外有清年石砌大牌坊两座，门外的影壁上刻有"万四个大字。

由山门至后殿，前后共分三进院落，以现存建筑均为主要建筑有山光绪二十古长青"

要殿堂所在，依序布置灵官殿、八仙殿、斗姥殿等中路为主楼分列左右。八仙殿为八仙宫主殿，面阔五开间，通檐装槅扇门，门额悬清德宗光绪皇帝所书"宝箓仙传"匾额一方。殿前置大方鼎一具，气象宏伟。斗姥殿居中路最后一进院落，单檐歇山顶，覆灰瓦，面阔五间，殿内奉祀斗姥女神及十二星君。建筑，钟、鼓二

除中路建筑外，东、西另建有跨院，形成东路及西路建筑。东跨院有吕祖殿、药王殿，分别供奉吕洞宾和唐代名医孙思邈；西跨院有丘祖殿及主持院等建筑，是庵内道士的居所。

整座建筑错落有致，风格古朴，庄严雄伟，院落雅洁，蔚为壮观。

宗教建筑

道观

宗教建筑

道观

【槅扇门】

　　槅扇门大约在北宋初期出现，是汉族传统建筑中的装饰构建之一，从汉族民居到皇家宫殿都可以看到，是古代汉族建筑中不可或缺的东西。槅扇门的每一个门扇主要是由槅心和裙板组成。它的做法是先由边梃、抹头构成边框，然后在边框内分出上下两段，上为槅心下为裙板。槅扇门还有一种比较特别的形式，即整个槅扇门的门扇不用裙板而全用槅心，这样的形式叫做"落地明造"。

道观

四川成都青羊宫

当年走马锦城西
曾为梅花醉似泥
二十里中香不断
青羊宫到浣花溪

青羊宫位于成都市一环路西二段，是西南地区建筑年代最久远、规模最大的一座道教宫观。其建筑整齐，气势宏伟，其主体建筑，共分六重，都构建在一条中轴线上。经过重建，建筑主要为明清风格，同时其建筑装饰，如龙虎等吉祥物雕镶在飞檐壁柱上，充分展现道教建筑的特色，被誉为"川西第一道观"、"西南第一丛林"。

历史文化背景

青羊宫位于成都市一环路西二段，侧依锦江，是西南地区建筑年代最久远、规模最大的一座道教宫观，也是全国著名的道教宫观之一。

青羊宫始建于周朝，原名青羊肆。

唐天宝十五年（775年），唐玄宗为避安史之乱而幸蜀，居于观内。恰好伟大诗人杜甫居住在草堂，亲见雨映行宫，即景赋诗《严公雨中垂寄见忆一绝奉答二绝》。中和元年（881年），黄巢起义，唐僖宗为避黄巢之乱奔蜀，也在观中驻营。据记载，在观内忽见红光如毯（球）入地，挖得一块玉砖，上面刻着古篆文："太上平中和灾"。僖宗便将古篆玉书砖石的发现，当作天降吉祥的象征。后来僖宗返回长安，认为是道教最高尊神三清祖师太清道德天尊即太上老君的恩典，特下诏令，赐内外库钱二百万两，大建殿堂，改"观"为"宫"。青羊宫的宏大格局，就是在那时形成的，成为了唐末四川最大、最有影响的宫观。

到了明代，唐代所建殿宇不幸毁于天灾兵火，破坏惨重，已不复唐宋盛况。今所见者，均为清康熙六至十年（1667-1671年）陆续重建恢复的，在以后的同治和光绪年间，又经多次重修，改革开放后又多次修葺。

宫内保藏有清代光绪三十二年(1906年)所刻《道藏辑要》经版，共一万三千余块，皆以梨木雕成，每块双面雕刻，版面清楚，字迹工整，为当今我国道教典籍保存最完整的存板，是极为珍贵的道教历史文物。

建筑布局

青羊宫原来占地10公顷，清初重建时占地20多公顷，现有殿宇、房舍建筑面积4793平方米，建筑整齐，气势宏伟，其主体建筑共分六重，都构建在一条中轴线上。

步入青羊宫的第一座建筑是山门。跨进山门，第一重殿宇是灵祖殿，该殿重建于清光绪年间(1875-1908年)，占地面积约400平方米，高约20米。殿内供奉道教护法尊神、先天主将王灵官神像。

青羊宫的第二重大殿，是混元殿。混元殿重建于清光绪年间，占地面积约600平方米，高约22米。在混元殿和三清殿之间，坐落着一座巍峨的亭子，这就是青羊宫著名的八卦亭。八卦亭北面，是三清殿。三清殿又名无极殿，始建于唐朝，重建于清康熙八年(1669年)。此殿是青羊宫的主殿，建筑宏伟而庄严，在全国属少见。再往后，是斗姥殿。斗姥殿也称元辰殿，建于明代，是青羊宫仅存的明代风格建筑，为全木结构。斗姥殿后，是玉皇殿。玉皇殿原为清道光年间（1821-1850年）建造，后因楼危拆除。现新殿建于1995年，楼底式结构。呈弧形合围着斗姥殿和玉皇殿的是青羊宫的后苑三台：唐王殿（紫金台）、降生台、说法台。后苑三台都建立在土坡之上，均建于清康熙年间（1662-1722年）。后苑三台按中轴线对称格式布局，十分严谨。唐王殿居轴线正中上方，另二台分别于左右两侧，平面布局呈三角鼎立之势，正应天上"三台星"之局。同时也形成了青羊宫整个建筑群的有力压轴。青羊宫东侧，原是一个花园，占地约4.7公顷，过去专作接待达官贵人及知名人士之用。清康熙三十四年（1695年），四川按察使赵良璧来青羊宫访胜求真，听说吕洞宾、韩湘子二仙曾显迹于此，遂增建庙宇，是为二仙庵。现在的二仙庵，建筑大都是后来新建的，一条中轴线与青羊宫的中轴并列。中轴线上，从前往后依次布局着山门、文昌殿、吕祖殿、二仙殿和斗姥殿。

青羊宫被誉为"川西第一道观"、"西南第一丛林"，不仅是四川省重点文物保护单位，也是国务院确定的全国重点道教宫观。

建筑特色

青羊宫主要建筑包括灵祖殿、混元殿、八卦亭、无极殿（即三清殿）、斗姥殿等，其中以三清殿和混元殿间的八卦亭造型最华贵，保存也最为完好。山门庄严宏伟，重叠飞檐，龙虎等吉祥物雕镶在飞檐壁柱上，雕刻精细，造形典雅。

道观

【山门】

步入青羊宫的第一座建筑是山门。山门建于明代,两侧出长20米、高4米的八字墙,琉璃瓦盖顶。宫门上高悬清乾隆年间成都华阳县令安洪德题写的"青羊宫"匾额一方。门殿内左边塑有土地神、青龙像各一尊,还有明代正德十年(1515年)冬立的皇恩九龙碑一座;右边塑有白虎像一尊,另外还有有七星桩,上刻有道教秘传天书云篆,根据中天北斗七星布局,称为北斗七星桩;还有龙凤桩、大石狮一对、龙王井一口等,今均已不存。

道观

【八卦亭】

　　八卦亭是一座木石结构的重檐八角亭阁式建筑，构件均由斗榫衔接，不加一栓，不用一楔。该亭建于重台之上，亭座石台基呈四方形，亭身呈圆形，象征古代"天圆地方"之说；屋面为黄绿紫三色琉璃瓦，屋顶莲花瓣衬托着独具风格的琉璃葫芦宝鼎，高约3.6米，造型优美，甚为壮观。其构造、雕饰依道教教义，八角象征八卦，八十一条雕龙应老子八十一化之数，亭子东、西、南三方的龙柱上各有一幅充满道家义理的对联。整体结构严谨，造型典雅，檐柱蟠龙也极精致，充分展现了道教建筑的特色。

道观

道观

道观

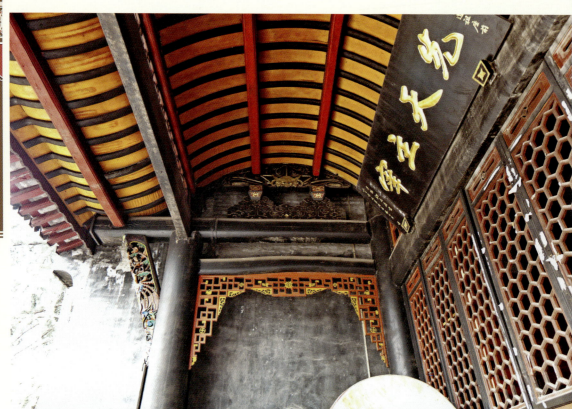

道观

上海城隍庙

满池碧水满池鱼
城隍庙前留清影
旧时老街色渐新
仙舟鹤影绿蓑衣

城隍庙

上海城隍庙坐落于上海市最为繁华的城隍庙旅游区，是上海地区重要的道教宫观，始建于明代永乐年间。经过历代的重建与扩建，上海城隍庙在建筑风格上仍保留着明代格局，主体建筑由庙前广场、大殿、元辰殿，财神殿、慈航殿、城隍殿、娘娘殿、父母殿、关圣殿、文昌殿等组成。其殿堂建筑属南方大式建筑，殿宇宏伟，飞檐耸脊，彩椽画栋、翠瓦朱檐，气势庄严，香火极盛。

历史文化背景

上海地区自唐代起就建有城隍庙，那时上海地区被称为华亭县，在当时县城的西面建有城隍庙。元至元十四年（1277年）华亭县升为华亭府，翌年，改称松江府。华亭县城隍庙也随之改称松江府城隍庙。元至元二十九年（1292年）上海县建立。当时，由于上海县城的规模并不大，因而县内并未修建自己的城隍庙，城内居民祭拜城隍神是到城郊的淡井庙（现位于上海市永嘉路十二号）去祭拜松江府城隍神。明代永乐年间（1403-1424年），随着上海县城市规模的不断扩大，城内居民人数不断增加，出城祭拜城隍神多有不便。于是，当时的上海知县张守约将上海城内供奉金山神主博陆侯霍光的金山神祠改建为上海城隍庙，供奉上海城隍秦裕伯。

上海城隍庙在初建之时，规模尚小。但是城隍神作为上海城市的保护神，与上海地区百姓的生活密切相关，因此百姓对城隍神奉祀尤谨，历代屡有修葺和扩建。

明万历十五年（1602年）城隍庙大殿前建亭

将洪武二年明太祖朱元璋册封天下城隍神的诰文勒石，并立于亭内，称"洪武碑亭"。万历三十四年（1606年），知县刘一爌重建。同年火毁，知县李继周再建。康熙四十八年（1709年），上海百姓购得土地，构造东园，归入城隍庙。庙基扩大为24 000多平方米。乾隆二十五年（1760年），上海城隍庙购得潘氏园林构造西园，此时上海城隍庙总面积约为2.7公顷。乾隆五十九年（1794年），道会司葛文英募建城隍庙后楼。嘉庆三年（1798年），城隍庙大殿重修，设道会司和二十四司于两庑。嘉庆四年（1799年），住持庄楚珍及其徒孙曹星恒募铜鼎一座，置于城隍殿前庭。嘉庆十九年（1814年），重建洪武碑亭。道光十六年（1836年），城隍庙西庑毁于火灾，由上海县众商募资重建。

自道光以后，内忧外患相乘，中国社会进入了百年的动荡时期，这时的上海城隍庙也是步履艰难，屡遭兵燹和火患。新中国成立后，城隍庙各殿开始整顿，正一派道士开始管理城隍庙，恢复了道教宫观的本来面目。

建筑布局

上海城隍庙在建筑风格上仍保持着明代格局，其殿堂建筑属南方大式建筑，殿宇宏伟，飞檐耸脊，彩椽画栋、翠瓦朱檐，气势庄严，香火极盛。现在庙内主体建筑由庙前广场、大殿、元辰殿、财神殿、慈航殿、城隍殿、娘娘殿、父母殿、关圣殿、文昌殿等组成，总

面积2 000多平方米。

上海城隍庙前有三道牌楼，第一道是山门，上面镌刻着"保障海隅"四个金光闪闪的大字；第二道是戏台，装饰华丽；第三道是庄重肃穆的仪门。跨过仪门，经过庙前广场，才能进入城隍庙。

城隍庙大殿重建于1926年，为全部钢筋水泥结构的仿古大殿。大殿正门上悬"城隍庙"匾额，并配以对联"做个好人心正身安魂梦稳，行些善事天知地鉴鬼神钦"。

戏台与大殿之间两边分别为财神殿及慈航殿，大殿之后为元辰殿。在元辰殿与城隍殿之间，关圣殿、娘娘殿及文昌殿、父母殿分居左右两边。

城隍庙内最后一进殿为城隍殿。城隍殿两侧悬有对联以赞扬城隍神公正无私"祸福分明此地难通线索，善恶立判须知天道无私"，上悬匾额"威灵显赫"。殿内另有一副赞神对联"天道无私做善降祥预知吉凶祸福，神明有应修功解厄分辨邪正忠奸"，横批"燮理阴阳"。城隍殿中央供奉上海县城隍神红脸木雕像，正襟危坐。城隍殿内仿照明代县衙公堂陈设，仪仗森严。

【史海拾贝】

城隍庙庙前广场前的仪门门楣上方悬挂着一只大大的算盘，横有约八尺，竖有近三尺，上下两档十三行，九十一颗珠子，一颗不少。在国内成千上万座城隍庙中，庙前挂有算盘的，独此一家，别无分号，说起来，倒有些讲究。

这座建于明朝永乐年间（1403～1424年）的城隍庙在漫漫岁月中，几度火烧屋顶，垣颓壁残，又几度大兴土木，重塑庙宇。到了万历年间，知县刘一爌扩建庙宇，在庙前建立牌楼三座，基本形成现在的格局。屋面上特意塑起了威风凛凛的强将悍兵，个个手持枪戟矛剑。他认为花费了这么多的钱财精力，又有神勇的兵将捍卫，扛过一、二百年，应该毫无问题。谁知，这样一座坚固结实的仪门，过了不多久，就遭遇不测。在一个乌云密布、昏天黑地的下午，大雨倾盆，电闪雷鸣，人们都躲在屋里，无人出门。突然，一个响彻云天的闷雷，不偏不倚，直扑仪门，屋顶上的兵兵将将哪里抵挡得住。仪门上顿时升腾起一团大火，不到一个时辰，就把大门烧得干干净净。

　　继任的知县，重修仪门时，老老实实，不敢夸下任何海口，并在门楣上恭恭敬敬地挂上一只大算盘。从此上海市民的口头禅多了一句"人算不如天算"的流行语。随着这个故事逐渐传开，大算盘的内涵逐渐转化，成为上天对百姓的无形监管和督察，时时警告着人们：小算盘不要算得太精明，做人一定要有底线；多做善事不会吃亏，犯科作奸的事，一点也不能做；别以为做了坏事没人知道，其实"头上三尺有神明"，老天爷明察秋毫，每个人的一举一动，都在被观察，被关注。知道这段来历的人，进到仪门前，总要毕恭毕敬地向这只大算盘作个大揖，然后再毫无忌惮地跨过门槛，进入庙内。眼尖心细的游客，还能从大算盘的横档上，看到这样四个镏金的小字："不由人算"。

宗教建筑

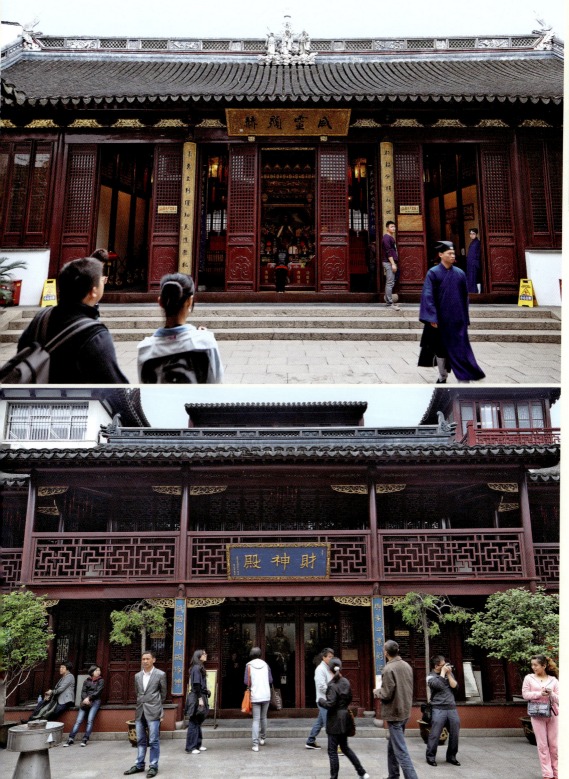

道观

宗教建筑

道观

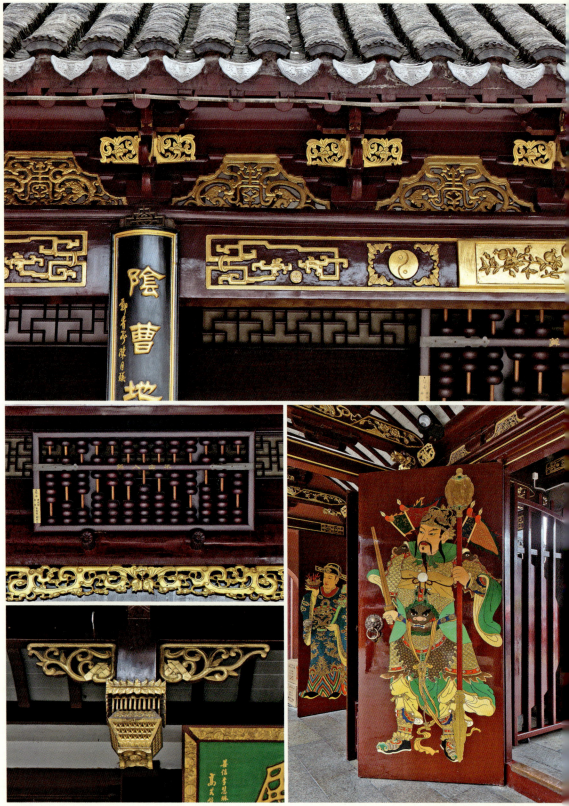

道 观

湖北十堰
武当山宫观

> 补秦皇汉武之遗
> 数历朝罕见
> 张金阙琳宫之胜
> 亦寰宇所无

武当山宫观

武当山宫观建筑群是道教"七十二福地"之一。其整体建筑布局非常注意人工建筑与自然环境的融合，确定了不能以人工破坏自然的建筑原则，因此，武当山建筑群的兴建不仅没有破坏自然界整体的和谐性，而且还为自然环境增添了光彩，可谓人工与自然融合的典范。以复真观及紫霄宫为例，其建筑布局巧妙，结构奇特，展现了传统道教建筑崇尚自然与人工相融合的指导思想及生动出彩的装饰艺术。

历史文化背景

武当山在湖北十堰市丹江口市境内，是道教"七十二福地"之一。据道书称，真武大帝在此修炼成功"飞升"，所以历来就是道教的名山胜地。

有史记载武当山古代建筑最早在周朝就有。《神仙传》记："周朝尹轨，入太山领杜阳宫太和真人。"由此可见，武当山在周朝就有了宫的建筑规制。还有记载，汉代时诸葛亮到武当山学道，曾拜在紫极宫北极真人门下为徒。当然，那些时代的宫只是一般意义

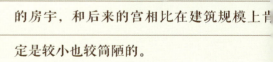

的房宇，和后来的宫相比在建筑规模上肯定是较小也较简陋的。

唐朝信奉并推崇道教，尤其是与唐太宗出生入死屡建战功的大将、后任均州州守的姚简，在武当山为天下大旱祈雨"应验"，武当山地区的道教建筑开始有了大的兴建，包括属地均州在内（即武当山下、汉江南

北一些地方），大的宗教建筑就有十几处。

武当山建筑在宋代有了进一步发展，宫的规制已建有9个。宋代还有颇大的石窟工程，一些规模不大但工程相当艰巨的洞穴岩庙也修建得不少。大小建筑估计有30余处。

到了元代，武当山的建筑更是每况复盛，"山列九宫八观"，大小建筑群落多达上百处。

明初，明成祖朱棣声称，他起兵南下夺取政权因有北方之神真武大帝阴助而取得成功，为了报答神佑，在武当山大兴土木，建造道教宫观。永乐十年（1412年）从南京派遣工部侍郎等官员率领军工民匠20余万人，历时11年，建成了八宫、二观、三十六庵等建筑群。其中"宫"的等级最高，规模最大，"观"次之，"庵"又次之。这一大批建筑都沿着溪流峡谷自下而上展开布置，从均县城内开始，到天柱峰最高点，一路都有宫、观、庵、庙，形成长约60千米的参拜路线，最后到达真武大帝所居的金顶"紫禁城"。工程完成后，明成祖赐名"大岳太和山"，选道士200人供洒扫，道士9人为提点官，主管山上各处祀事，又赐田277顷以资赡养。

明朝永乐年间，是武当山道教建筑发展到最大规模的时代。那时确实修建了八宫、二观，并且在武当山的三十六个名岩名洞和七十二峰都修建有楼殿庙宇。但是，明代所谓"八宫、二观、三十六庵堂、七十二岩庙",实际也是个概数之说。明代诗人洪翼圣形容当时所见:"五里一庵十里宫,丹墙翠瓦望玲珑。楼台隐映金银气,林岫回环画境中。"对当时的浩大建筑群落作了惊赞的描写。

武当山古代建筑历史之早,数量之多,恐怕在中国宗教史上,在中国各道教圣地历史上,即便是在中国古代建筑史上,都是罕见的、惊人的。

建筑布局

武当山道教宫观的设计布局,反映了道教的神仙信仰思想。全山主要宫观的布局以宣扬真武神修真得道、威严灵应、佑国护民为主要目的,以道教崇尚自然与人工相融合的思想为指导设计。

明代在兴建武当山道教宫观时,非常注意人工建筑与自然环境的融合,确定了不能以人工破坏自然的建筑原则。各宫观建筑分布在以天柱峰为中心的七十余座山峰之间,总体规划严谨有序,基调设计布局充分利用了峰峦的高大雄伟和崖涧的奇峭幽邃,将每个宫观都建造在峰峦崖涧的合适位置上,其间距的疏密和规格大小都布置得恰到好处,使建筑与周围环境有机地融为一体,达到建筑与自然的高度和谐。因此,武当山建筑群的兴建不仅没有破坏自然界整体的和谐性统一,而且还为自然环境增添了光彩,可谓人工与自然融合的典范。

道教宫观根据八卦方位,乾南坤北,即天南地北,以子午线为中轴,坐北朝南的布局,使供奉道教尊神的殿堂都设在中轴线上。两边则根据日东月西、相互对称的原则，设置配殿供奉诸神。这种对称布局，体现了"尊者居中"的等级思想，也表现了追求平稳、持重和静穆的审美情趣。但由于各建筑单元常依山就势，背峰面壑，基址不太规整，建筑的横向展开受到较多限制，古代的匠师们不拘泥于中轴线的一以贯之，而常常顺应地形、地势，使庭院轴线移位、转折。

在一般的道教宫观中，多把三清殿或玉皇殿放在中轴线的中心位置，而在武当山各大道教宫观中，中轴线上的主殿都是玄帝大殿和圣父母殿，这表明，武当道教是以崇拜玄天上帝神团为主要特征的道教门派。

武当山道教建筑群的总体规划布局具有宏观设计、彼此照应的特点。这反映在以天柱峰金殿为主体、以官道和古神道为轴线向四周辐射的空间构图上。在这些建筑线上，采取皇家建筑法式统一设计布局，整个建筑群由跨越山脉的轴线联结，在视觉上彼此联系，互相照应，使建筑群呈现一种宽松而又精确的秩序，让人感到它的阔大气象和宏伟规模，可谓是中国传统建筑宏观设计的顶峰之作。

设计特色

武当山现存的明代建筑有冲虚庵、元和观、玉虚宫、复真观、紫霄宫、太和宫、紫禁城、金殿等。由均县的净乐宫起，经望岳门、迎恩宫至山麓的"治世玄岳"牌坊（又名玄岳门）是一条长60千米的"官道"，用大块条石铺筑。由玄岳门至金顶是一条长70千米的曲屈登山道，即"神道"。众多的宫观沿神道布置。

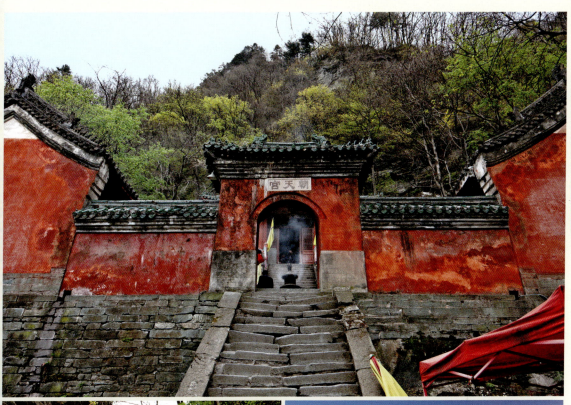

【紫霄宫】

紫霄宫位于天柱峰东北展旗峰下，距复真观7.5千米。现存建筑为明永乐十年敕建（1412年），是武当山上保存较完整的宫观之一。整个建筑群坐落在一片台地上，背倚峻岭，房屋殿宇依山层层向上布置。从布局结构看，十分平衡、对称，中轴线由下而上依次排列着龙虎宫、御碑亭、朝拜殿、紫霄殿、圣父母殿。整个建筑单元主次分明，鳞次栉比，三进院落，九层崇台，殿堂楼宇，依山叠砌，居高临下，气势磅礴。为了增加对称，两侧又分别设置有东宫与西宫、钟楼与鼓楼、东方丈堂与西方丈堂等建筑，尤其是东西道院，自成体系，闲适幽静。

宫内主体建筑紫霄殿是武当山最有代表性的木构建筑，建在三层石台基之上，各层石台基周围以石雕栏杆，台基前正中及左右侧均有踏道通向大殿的月台。大殿面阔进深各五间，高18.3米，阔29.9米，深12米。共有檐柱、金柱共36根，排列有序。大殿为重檐歇山顶式大木结构，由三层石台衬托，比例适度，外观协调。屋顶全部盖孔雀蓝琉璃瓦。斗拱撑檐廊，正面为全开式三交六椀雕花格扇，为回廊。殿内藻井浮雕二龙戏珠图案，形态生动；凡额枋、斗拱、天花等处均绘有花卉、鸟兽、流云、道教神仙故事等彩色图案，色彩绚丽、形象逼真，装饰题材丰富多彩而华丽。大殿内地面用大青方砖铺砌，光亮洁净。明间后部建有刻工精致的石须弥座神龛，其中供玉皇大帝塑像。

紫霄宫庄严肃穆、雄伟富丽，用欲扬先抑、先疏后密、首尾相顾、遥相呼应的手法建成。无论其木结构制作，还是雕刻、彩画均十分出色，在中国各道教名山宫观中居领先地位。

道观

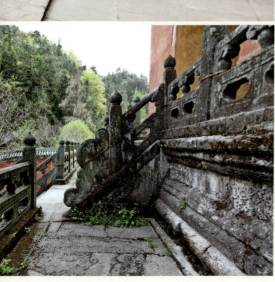

宗教建筑

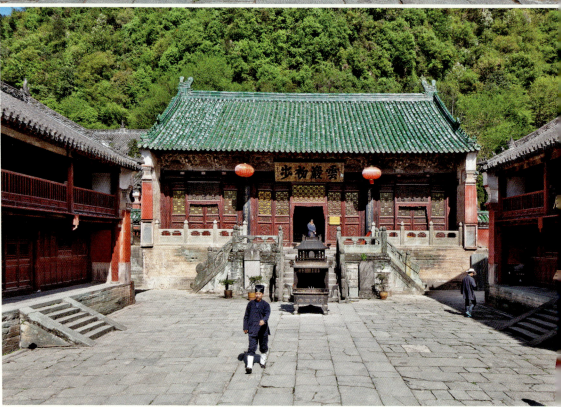

【复真观】

　　复真观又名太子坡，建于明永乐十二年（1414年），清代三次重修，是全山至今保存较为完整的大观之一。位于朝山神道上，背依狮子山、上朝天柱峰、下瞰九渡涧，在缓坡修建的庭院随着山势变化而展开。

　　复真观建筑布局巧妙，结构奇特。整个建筑群顺应地形地势，通过庭院中轴线的位移、转折来设计建筑群，使道观院落殿宇起伏曲折，富于变化，顺应自然，错落有致。从复真观拾级而上，是一座高耸的山门，额书"太子坡"三个大字。山门内建九曲夹墙复道，蜿蜒入二山门；过门入院，为一方石铺地院落，前有照壁，古朴凝重。中轴线上有龙虎殿、玄帝殿、太子殿、左右配殿等，右侧另辟院落，作为客堂之用，左侧道院建有藏经阁、皇经堂等建筑；其前依岩建造五层高楼，顶层有梁枋12根，交叉迭搁，下以一柱支撑，计算周密，结构奇特，技艺精湛，为大木建筑中少见的结构。藏经阁前桂树丛生，仲秋时节，丹桂飘香，为复真观一胜景。

宗教建筑

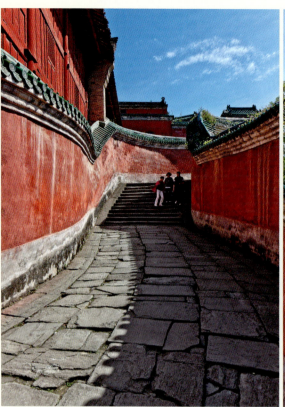
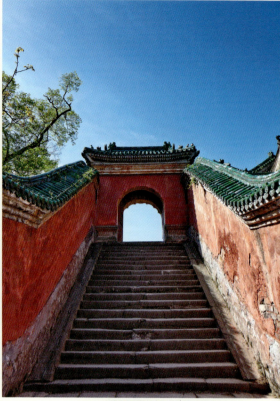
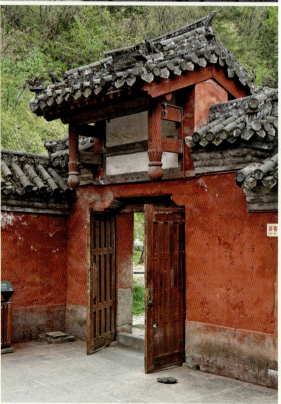

道观

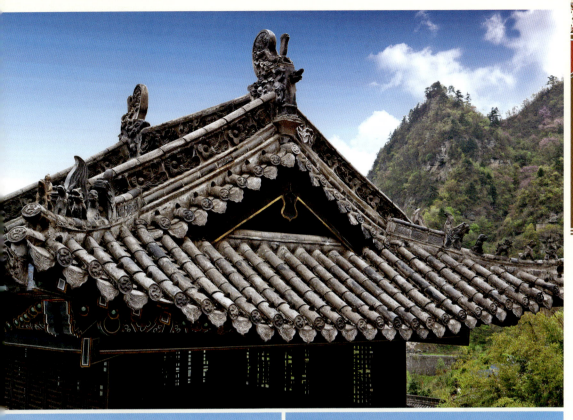

道观

道观

道观

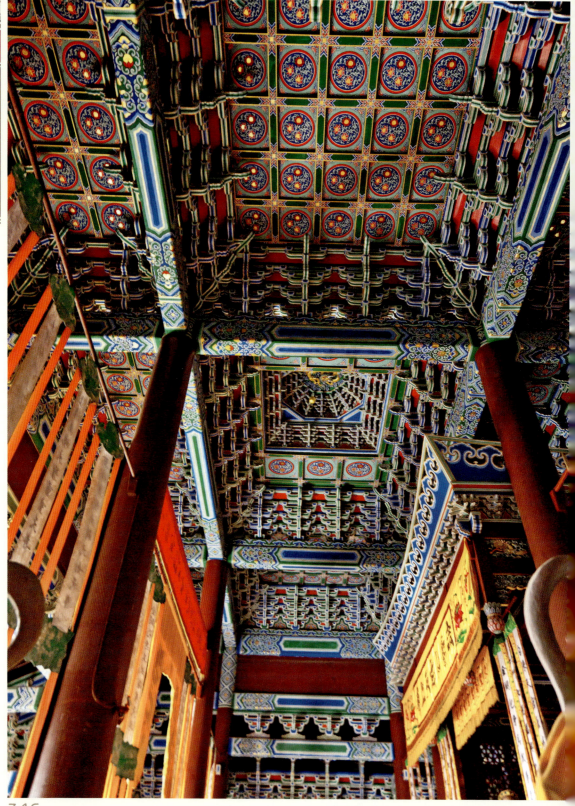

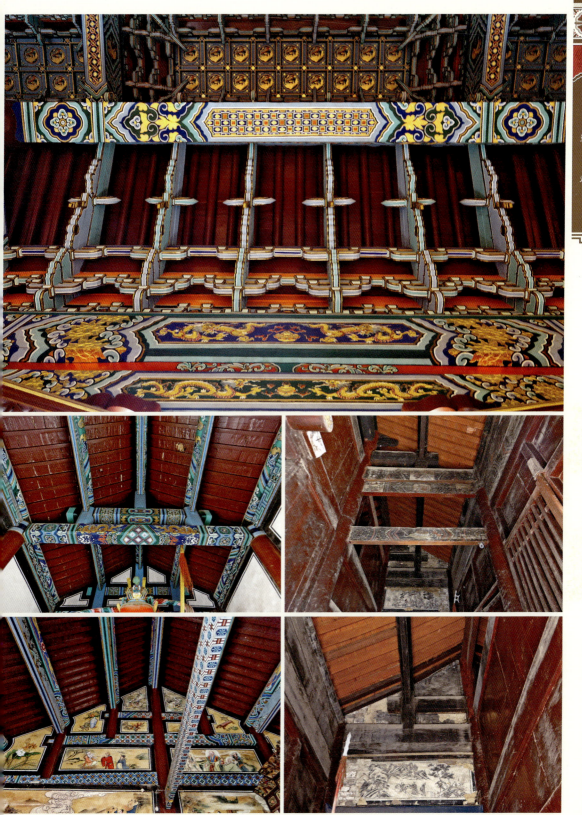

道观

江苏苏州
玄妙观三清殿

玄妙观内三清殿
木构古建多特色
石柱木柱相交错
彩绘图案颇独特

玄妙观三清殿

玄妙观三清殿是江南最古老且最大的木构古建筑，也是国内现存体量最大的宋代大殿。殿顶为重檐歇山顶，巍峨庄重；殿内木架构由上、中、下三层重叠而成，结构严谨，是国内同类建筑中的孤例；殿前石质栏板上镌刻有细巧的画像、人物、走兽、飞禽和水族等纹样，风格古朴，形象生动，有汉画的遗风，极为精美。

历史文化背景

玄妙观又名圆妙观，位于江苏省苏州市中心的观前街，始建于西晋咸宁二年（276年）。玄妙观见证了几个朝代的寺观改制，初名真庆道观，唐代称开元宫，北宋称天庆观，元至元十八年（1281年）诏改为今名"玄妙观"。

南宋建炎四年（1130年），金兵南下攻陷苏州，烧杀抢掠，"吴中坊市，悉夷为平地"，天庆观被毁，后于绍兴十六年到淳熙六年（1146-1179年）经过多次重修，现存的规模宏伟的三清殿就是淳熙六年（1179年）建造的。其后元代至清代，亦多有毁圮重修记载。清康熙年间的极盛时期有殿宇30余座，是全国规模最大的道观之一，

为了避讳康熙帝玄烨之名，故而改名为"圆妙观"。后来又经多次的破坏和重修，但都没有达到原先的规模，现存较大的建筑主要有正山门和三清殿。

三清殿是建于唐贞观二年（628年）的圆妙观建筑群遗存下来的一个殿，是这座道观的主殿，内奉"太清元始天尊、上清通天教主、玉清太上君"，故名"三清殿"。该殿历经宋、元、明、清各代，先后三次整修，民国年间遭破坏，现仅存第三进殿，是中国长江以南最大的木构古建筑，被誉为"江南古建筑之花"，被古建筑专家视为古建筑杰作。它既是宋代官式建筑的代表，也表现出地方性建筑的特点，是研究宋代南北建筑差异的重要例证。

1982年2月，三清殿被列为全国重点文物保护单位。

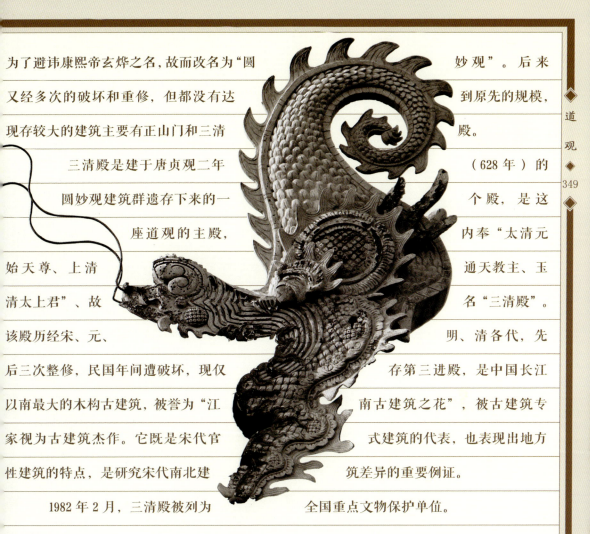

设计特色

三清殿面宽九间共45.64米，进深六间共25.25米，总的建筑面积达1150多平方米。重檐歇山顶，巍峨庄重的三清殿，是江苏省最古老的木结构建筑，也是国内现存体量最大的宋代大殿，虽经历代重修，但仍保存了南宋时代的建筑特征。

殿内柱子排列内外一致，纵横成行，共7列，每列10柱，四周檐柱是八角形石柱，殿内均为圆形的木柱。屋顶坡度平缓，出檐较深，斗拱疏朗硕大，内部的梁架作月梁形式，其中上檐内槽的斗拱作六铺作重抄作上"昂"，是国内同类建筑中的孤例。

殿的木构部分属殿堂型构架，构架由上、中、下三层重叠而成。下层为柱网，沿周边立两圈柱子，外圈22柱，内圈14柱，柱顶架阑额，连成两个相套的同高矩形框，形成内外槽。又沿进深方向在内槽前后4柱间架4道顺串（即清式的随梁枋），使柱端纵横向都连在一起。在四道顺串的中部，下面又立4柱，形成现状的满堂柱网。中层是铺作层，在阑额和顺串上加普拍枋，枋上放斗，柱间用两朵补间铺作，前后内柱间顺串上用三朵补间铺作。殿内各铺作顶上架平枋，装设平，形成殿内空间。上层为屋顶构架层。除两山外，沿各间进深在内外槽柱之上及中柱间顺串中点之上（即脊下）立柱，压在铺作上层柱头枋上，柱间架梁，形成深12架前后用5柱的6道穿斗式草架。草架上架檩，构成屋顶。补间铺作和椽檩之间，彩绘有关道教的图案。

殿前有宽五间的石砌月台，三面设踏跺，绕以青石雕栏，与殿外的基座相贯通。石砌台基，仅南面有石质栏板，栏板上镌刻有细巧的画像、人物、走兽、飞禽和水族等纹样，风格古朴，形象生动，有汉画的遗风，极为精美。

道观

宗教建筑

道观

【阑额】

　　阑额既为额枋，宋代称为阑额。是汉族建筑中柱子上端联络与承重的水平构件。南北朝的石窟建筑中可以看到此种结构，多置于柱顶；隋、唐以后移到柱间，到宋代始称为"阑额"。它有时为两根并用，上面的一根叫大额枋（清代的称谓），下面的一根叫小额枋（清代的称谓，宋称为由额），两者之间使用垫板（宋称由额垫板）。在内柱中使用的额枋又被称作"内额"，位于柱脚处的类似木结构叫做"地栿"。

【普拍枋】

　　宋称"普拍枋"，明清时称为"平板枋"，是宋代建筑阑额与柱顶上水平放置的一块长度与每间面阔相同的木板，犹如一道腰箍梁介于柱子与斗拱之间，既起拉结木构架的作用，又可与阑额共同承载补间铺作。也是位于阑额之上，用来承托斗拱的木结构。

道观

【补间铺作】

补间铺作又称为平身科斗拱，是斗拱的三种类型之一。"补间铺作"一词出现于宋代建筑学著作《营造法式》当中，它其实就是宋代对"柱间斗拱"的称呼，清代开始也称"平身科"。补间铺作是在两柱之间的斗拱，下面接着的是平板枋和额枋，而不是柱子的顶端，因为屋顶的大面积荷载只依靠柱头斗拱来传递是不够的，需要用柱间斗拱将一部分荷载先传递到枋上，然后传递到柱子上。

宗教建筑

360

佛塔

中国佛塔起源于印度，1世纪随佛教传入中国，为佛教用来供放僧侣舍利、经卷和各种法物的一种雄伟建筑物。佛塔，亦称宝塔，原是印度梵文Stupa，即窣堵波的音译，又译为浮屠、塔婆、佛图、浮图等。由于古印度的Stupa是用于珍藏佛家的舍利子和供奉佛像、佛经之用的，其亦被意译为方坟、圆冢，直到隋唐时，翻译家才创造出了"塔"字，作为统一的译名，沿用至今。

塔一般由地宫、塔基、塔身、塔刹组成，从外形平面来看，可以分成正方形、圆形、六角形、八角形等多种结构；从层级上分：单层塔、三层塔、五层塔、七层塔、九层塔等；按建筑材料可分为木塔、砖石塔、金属塔、琉璃塔等。两汉南北朝时以木塔为主，唐宋时砖石塔得到了发展。

佛塔在中国建筑艺术史中占有重要地位，类型多样，形式丰富。印度的塔原形为下方上圆的覆钵式，传入中国后，与中国传统建筑方式结合，出现了亭阁式、楼阁式、密檐式等多种形状的新建筑式样，后来受到密教艺术的影响，又出现了金刚宝座式、覆钵式、花塔等多种形式，形成了一个丰富多彩的艺术天地。其中，楼阁式塔是仿建中国传统的多层楼阁式建筑的塔，这种塔在中国古塔中历史悠久，形体最高大，保存数量也最多，可以登临，是塔中的主流类型。楼阁式塔从东汉最早出现由木制向砖木结合、砖塔和石塔的方向发展。由于木头易于毁火灾，现保存下来的木制的楼阁式塔很少。密檐塔的特点是第一层较高，以上各层骤变低矮，高度面阔亦渐缩小，且愈上收缩愈急，各层檐紧密相接，一般都不能登临远眺，材料基本上都是砖、石。辽、金时期是密檐塔的昌盛期，元代以后逐渐变少。金刚宝座塔仿照印度菩提迦耶精舍而建。塔的下部是一方形巨大高台，台上建五个正方形密檐塔，大塔在中间、四角四个小塔，只在明、清时有这种塔，数量很少。

本章节精选北方区域与南方区域至今尚保存完好的中国佛教著名的佛塔，比如现存世最古老的唯一一座最完整的木塔——山西应县木塔等，来完整呈现中国佛教的民族特色。其用料之精良、结构之巧妙、技艺之高超、类型之丰富，远远超出了历代文人墨客的笔端。

山西应县释迦塔

木制高塔出虚空
玲珑峻碧倚苍穹
杰构千年稀世有
海宇浮屠第一工

释迦塔俗称应县木塔，是中国现存最高大最古老的一座纯木结构楼阁式佛塔。其平面呈八角形，共五层六檐，各层间夹设有暗层，实为九层。塔内结构充分利用传统建筑技巧，广泛采用斗拱结构，全塔共用斗拱54种，被称为"中国古建筑斗拱博物馆"。斗拱的运用结合塔身的双层套桶式结构及暗层结构，大大地增强了木塔的抗震性能。

历史文化背景

释迦塔全称佛宫寺释迦塔位于山西省朔州市应县城西北角的佛宫寺院内，是佛宫寺的主体建筑，俗称应县木塔。是中国现存最高大最古老的一座纯木结构楼阁式佛塔，是我国古建筑中的瑰宝、世界木结构建筑的典范，与意大利比萨斜塔、巴黎埃菲尔铁塔并称"世界三大奇塔"。

释迦塔于辽清宁二年（1056年）建成，由辽兴宗的萧皇后倡建，田和尚奉敕募建，至金明昌六年（1195年）增修完毕，以作家庙，彰显家威，并有礼佛观光和登高料敌之用。

明永乐二十一年（1423年），明成祖率军出师宣化，给予南侵的鞑靼、瓦剌部以有力回击。回京途中，驻跸应州。为木塔挥笔书写了"峻极神工"四字。此匾于万历四十一年（1613年）五月重装。

明正德十二年（1517年），鞑靼小王子侵犯阳和（今山西阳高县），

掠夺应州。明总兵王勋迎战，被困于应州，明武宗率师援应。十月，两军在应州血战六天，小王子败退。这次

决战，给鞑靼一定的打击，从此，边境安宁了几年。第二年七月，为了庆祝应州之捷，明武宗二次来应州，登塔宴赏功臣，书写了"天下奇观"四字赞美木塔。

　　1926年，冯玉祥军队向山西发展，遭盘踞于此的阎锡山的死命抗拒，冯阎大战在山西爆发。此次战争，木塔共中弹二百余发，大受创伤。1948年解放应县时，守城的国民党军队以木塔为制高点设立了机枪阵地，木塔被12发炮弹击中，仍然屹立。

　　1961年释迦塔成为首批全国重点文物保护单位。2012年11月，释迦塔被列入世界文化遗产预备名录。

建筑布局与特色

　　释迦塔位于佛宫寺南北中轴线上的山门与大殿之间，属于"前塔后殿"的布局。塔建造在4米高的台基上，塔高67.31米，底层直径30.27米，平面呈八角形。全塔共用红松木料3 000立方米，2 600多吨，纯木结构、无钉无铆。整体比例适当，建筑宏伟，艺术精巧，外形稳重庄严。

　　第一层立面重檐，以上各层均为单檐，共五层六檐，各层间夹设有暗层，实为九层。因底层为重檐并有回廊，故塔的外观为

六层屋檐。各层均用内、外两圈木柱支撑，每层外有24根柱子，内有8根，木柱之间使用了许多斜撑、梁、枋和短柱，组成不同方向的复梁式木架。

该塔身底层南北各开一门，二层以上四周设平座栏杆，每层装有木质楼梯，游人逐级攀登，可达顶端。二至五层每层有四门，均设木隔扇。塔内各层均塑佛像。一层为释迦牟尼，高11米。内槽墙壁上画有六幅如来佛像，门洞两侧壁上也绘有金刚、天王、弟子等。二层坛座方形，上塑一佛二菩萨和二胁侍。塔顶作八角攒尖式，上立铁刹。塔每层檐下装有风铃。

释迦塔的设计，大胆继承了汉、唐以来富有民族特点的重楼形式，充分利用传统建筑技巧，广泛采用斗拱结构，全塔共用斗拱54种，每个斗拱都有一定的组合形式，有的将梁、枋、柱结成一个整体，每层都形成了一个八边形中空结构层，被称为"中国古建筑斗拱博物馆"。它是现存世界木结构建设史上最典型的实例，中国建筑发展上最有价值的坐标，抗震避雷等科学领域研究的知识宝库，考证一个时代经济文化发展的一部"史典"。

减震结构设计

从结构上看，一般古建筑都采取矩形、单层六角或八角形平面等形制。而释迦塔是采用两个内外相套的八角形，将木塔平面分为内外槽两部分。内槽供奉佛像，外槽供人员活动。内外槽之间又分别有地栿、栏额、普拍枋和梁、枋等纵向横向相连接，构成了一个刚性很强的双层套桶式结构。这种结构大大增强了木塔的抗倒伏性能。

释迦塔内使用了 54 种形态各异、功能有别的斗拱，是中国古建筑中使用斗拱种类最多、造型设计最精妙的建筑。斗拱将梁、枋、柱连接成一体。由于斗拱之间不是刚性连接，所以在受到大风地震等水平力作用时，木材之间产生一定的位移和摩擦，从而可吸收和损耗部分能量，起到了调整变形的作用。这样的内部设计与塔身内外两圈的刚性整体结合起来，一柔一刚，增强了木塔的抗震能力。

另外，释迦塔外观为五层，而实际为九层。每两层之间都设有一个暗层。这个暗层从外看是装饰性很强的斗拱平座结构，从内看处理极为巧妙。在历代的加固过程中，又多弦向和经向斜撑，组成了类似于现代建筑的框架构层，这个结构层具有较好的力学性能。有了这四道圈梁，木塔的强度和抗震性能也就大大增强了。却是坚固刚强的结构层，建筑在暗层内非常科学地增加了许

【史海拾贝】

佛宫寺释迦塔建成至今已近千年，而宜，因为未发现文字记载一直未有定论。着许多关于木塔的传说，津津乐道于木塔关于木塔的建造者等诸项事一代代应县人也就世代相传的各种神奇故事。

应县的民间传说将木塔的建造归功于中国传说中的木匠鼻祖鲁班。传说鲁班的妹妹与哥哥赛手艺，妹妹说在一夜里能做十二双绣花鞋，哥哥鲁班要是能在一夜之间盖起一座十二层的木塔就算哥哥的手艺高。结果，鲁班真的修成了十二层的木塔，只是修完之后土地爷承受不住，塔直往地下陷，鲁班便举手一推，将塔分成两截，上半部被他一掌拍到了今天的内蒙古一带，留下的五层慢慢地钻出地面，就成了如今的释迦塔。

宗教建筑

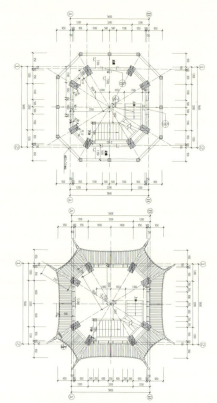

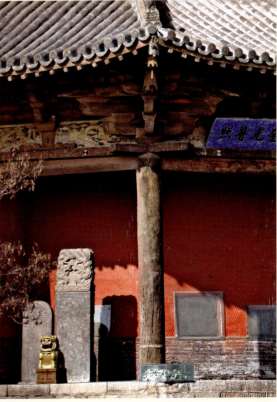

佛塔

宁夏银川海宝塔

银川郊北赫连塔
高势孤危欲出云
直以方形风格异
俯视三区极可欣

海宝塔位于银川市兴庆区西北部的海宝塔寺，是宁夏始建年代最古老的佛教建筑。该塔在海宝塔寺中轴线上，耸立于大雄宝殿和韦陀殿之间。它是一座方形九层十一级楼阁式砖塔，全部使用青砖砌筑，建筑风格独特：方形的塔身、四面的券门、众多的棱角、四角的尖顶，为中国古塔所罕见，被视为中国古代建筑的杰作。

历史文化背景

位于海宝塔寺内的海宝塔，是宁夏始建年代最古老的佛教建筑，为我国首批重点文物保护单位之一。该塔是一座楼阁式砖塔，形制为方形九层十一级，通高53.9米，历史上曾多次维修，是宁夏的重要旅游景点。

海宝塔的始建年代不详，最早记载见于明代弘治年间撰写的《弘治宁夏新志》："黑宝塔（即海宝塔），在城北三里，不知创建所由。"明《万历朔方新志》记："黑宝塔，赫连勃勃重修。"赫连勃勃是南北朝时期大夏国国主，此人尊奉佛教，崇尚建寺修塔。因此，海宝塔又有"赫宝塔"之名。清乾隆年间，闽浙总督赵宏燮

撰写《重修海宝塔记》，对此塔和海宝塔寺历史作了考证："旧有海宝塔，挺然插天，岁远年湮，面咸莫知所自始，惟相传赫连宝塔"。赫连勃勃于407年创建大夏国，431年被吐谷浑所灭。当时宁夏地区大部分版图属后秦所有，儒学大兴，佛教盛行，佛教的传播和译经活动在北朝时达到了高峰。据此推测，海宝塔寺和海宝塔始建于后秦，而大夏国赫连勃勃又进行了重修。

海宝塔曾因地震被多次毁坏，于是多次重修。现存11层的海宝塔是清乾隆四十三年（1778年）重修的遗物。重建时，少修了两层，并改以木梯从塔室内盘旋登临达顶。在塔之上，放眼四望，可一览银川塞上江南风貌。

新中国成立后，国家曾先后投巨资对海宝塔和寺院建筑进行大力维修。增建了钟楼、鼓楼和厢房，设立了温室花房，扩建和粉饰了围墙，修筑了通往塔寺的公路，成立了管理部门。海宝塔寺以崭新的面貌成为宁夏的重要旅游景点。

建筑布局

海宝塔寺坐西向东，建筑都排列在一条东西向的中轴线上，层次分明，宏伟壮观。正门是三间歇山殿堂式山门，门楣匾额上"海宝塔寺"四个大字苍劲有力。进入山门，是天王殿和大雄宝殿，它们与南北侧厢房共同组成一个天井院落，为寺院前院，是从事佛教活动的主要场所。其后高台上便是海宝塔，再由塔座之后，跨过天桥，可通向另一高台上的韦驮殿、卧佛殿，二殿与两侧厢房又组成一个天井小院，是塔寺后院。台下便是僧院。

设计特色

　　高耸在大佛殿和韦驮殿之中的海宝塔，是寺内的主体建筑。全部用青砖砌筑的海宝塔，又名"黑宝塔"，俗称"北塔"。塔建在一处方形宽阔的台基地上，台高5.7米，边长19.7米。台上四周有青砖砌花墙，东面正中有石阶可以登临塔座门。塔身平面呈方形，四壁出轩，每层四面设券门，均向外略有突出，构成鲜明的十二角形。每层出轩部分两侧各设一龛，龛眉突出。所有这些，都增添了塔身的华丽和立体感。塔身内为上下相通的方形空间，各层之间以木板相隔，沿木梯可登至顶层。塔身四面转角处均悬有风铃，风吹铃响，更觉宁静悠扬。塔上端为砖砌四角攒尖顶，顶上置方体桃形绿色琉璃塔刹。

　　海宝塔建筑风格独特，方形的塔身，四面的券门，众多的棱角，四角的尖顶，为中国古塔所罕见，被视为中国古代建筑的杰作。

【史海拾贝】

　　关于海宝塔的由来，还有一个有趣的传说：相传在很早的时期，宁夏银川是一片汪洋大海。有一年，东海龙王生下个小儿子，全身泛黑，红眼歪嘴，粗皮长腿，龙不像龙，虎不像虎，于是就叫它黑怪龙。黑怪龙自小调皮捣蛋，很不听话，惹得虾兵蟹将头痛，龙王龙母也厌烦。

　　一天，黑怪龙偷了龙母的翠钗和一根小定海银针，跑到深海中去玩。这下惊动了龙宫，触怒了龙王龙母。老龙王责令蟹将去缉捕黑怪龙，但黑怪龙头戴龙母翠钗，一边耍笑，一边摇摆着定海针，把来追的虾兵蟹将都搅得晕倒下去。老龙王闻听大怒，就亲自去缉捕黑怪龙。黑怪龙听到老龙王来了，就骑了龙母坐骑蓝金螭，急急地向深海逃去。不知跑了几万里，黑怪龙无处躲藏，就顺着东海向西逃去。

东海西流，水浅面窄，蓝金螭气喘吁吁，黑怪龙摇摇晃晃。老龙王当即向水面抛出勾心针，霎那间一团黑云缠住了黑怪龙，黑怪龙龇牙裂嘴，捂起肚子，啊呀啊呀地乱叫，在叫声中向老龙王抛出小定海针。老龙王赶忙用大定海针挡回，甩出拴龙绳，把黑怪龙绑缚了起来。这时，黑怪龙抱着小定海针向海底沉去，海面冒着冲天水柱，雷鸣海啸混作一团。老龙王又掏出避水珠，向水面撒去，只见金光万道，水花四溅，跟着，二声炸雷，老龙王骑着海云兽，乘着龙卷风启驾回宫。从此，东海西流的水逐渐干枯。蓝金螭担心黑怪龙再显露水面，就跑到悠远的东海深处砍木、制砖，用了几年时间，把黑怪龙的龙体围盖起来。水干后，地上就呈现了一座十二丈高的海浮屠，绿色塔翠钗；九层顶即是龙母的十一级塔层，又粗又宽，这是拴龙绳的痕迹；塔的形状上小下大，恰如一根定海银针。

宗教建筑

佛塔

宗教建筑

佛塔

佛塔

佛塔

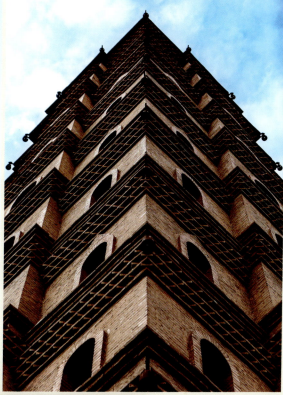

宁夏银川
拜寺口双塔

锦绣大地风光秀
拜寺双塔气势雄
双塔去天不盈尺
四面一览景无穷

拜寺口双塔

拜寺口双塔是建于西夏时期的两座佛塔。双塔东西对峙，相距约百米，皆为八面十三层楼阁式砖塔。造型精美，均采用平面八角形密檐式。塔身华丽，每层每面有彩塑兽面、佛像及其他佛教装饰图案，栩栩如生。双塔建筑综合了中原佛塔传统特点，又把绘画和雕刻艺术结合起来，构成了两座雄伟壮观、绚丽多彩的艺术珍品。

历史文化背景

拜寺口双塔矗立在银川市西北约50千米处的贺兰山东麓的拜寺沟口左侧的一架紫色山峰前的一个方形平台上。两塔东西相距约百米，像一对情侣，含情脉脉，形影不离。人们怀着敬仰之情，送给她们许多美丽的名字："相望塔""夫妻塔""山神塔""海神塔""飞来塔"。

双塔始建于何时，史料并无记载，明万历年间修宁夏《万历朔方新志》卷首《宁夏镇北路图》中，在拜寺口就标有双塔。根据塔刹发现的文物推测，双塔于元代早期曾进行过装修，修缮了塔刹，粉妆了壁面，但塔身未进行大的修理。新中国成立以后，经碳14测定双塔朽木，专家认为是西夏中晚期所建。据考证、西夏时期境内佛教盛行，开国皇帝李元昊信奉佛教，他"幼晓佛书，通晓经文"，在贺兰山拜寺口修建佛祖院，寺庙规模宏大，随寺庙而建立双塔。

明清时期，银川地区地震频繁，特别是清乾隆三年十一月二十四日（1739年1月3日）发生一次八级以上地震，双塔附近的建筑、房屋均被震毁，可是双塔却仍傲然挺立于崇山峻岭之中，这充分体现了当时西夏建筑业的高超技术。

1986年，国家组织力量对双塔进行了加固维修，双塔经维修后，于1988年被列为第二批全国重点文物保护单位。

设计特色

拜寺口是贺兰山著名山口之一，这里山大沟深，环境幽静，面东开口，视野开阔。在山口平缓的坡地上有大片建筑遗址。双塔就建在沟口北边寺院遗址的台地上。双塔东西对峙，相距约百米，皆为八面十三层楼阁式砖塔。两塔直起平地，没有基座，底层较高，正南辟券门，可进入厚壁空心筒状塔室。

东塔总高约39米，塔身呈锥体。每层由叠涩棱角牙和叠涩砖构成腰檐，腰檐外挑。塔顶上砌八角形平座，平座中间为一圆形刹座，上承"十三天"宝刹。二层以上，每层每面都贴有彩塑兽面两个，左右并列，怒目圆睁，獠牙外露，十分威猛。兽面口衔彩绘红色连珠。兽面之间，是彩绘云托日月图案。塔壁转角处装饰彩塑宝珠火焰。

西塔总高约36米，塔体比例协调，比东塔较为粗壮。二层以上由数层叠涩棱角牙和叠涩砖构成腰檐，腰上砌成平座，外檐饰以圆形兽头构件。塔顶上承八角形刹座，刹座檐下，饰以并排彩绘莲瓣，转角处饰以砖雕力神，力神裸体挺腹，手托莲座，栩栩如生。刹座上承"十三天"宝刹。二层之上每面腰檐下均有彩塑佛像及装饰图案。各层壁面中心置长方形浅佛龛，龛内有彩塑动物和八宝图案，龛两侧为彩塑兽面，兽面口含流苏七串。呈八字形下垂，布满壁面。兽面怒目圆睁，獠牙外龇，威猛可怖。塔壁转角处有宝珠火焰、云托日月的彩塑图案，这些造像及装饰图案，布满整个塔身。在众多的造像中，有身着法袍的罗汉，有拄杖倚立的老者和神态潇洒的壮者。他们项挂璎珞，腰系长带，手执法器。有的伸臂，有的跳跃，动作自如，神态各异，充满了强烈的生活气息和浓郁的宗教色彩。西塔正东面第十二层佛龛内右上侧，有西夏文。在第十层正东的平座上，放置着一个完整的绿色琉璃套兽。塔顶佛龛内置有一根六棱木质中心刹柱，直径约30厘米，刹柱上有墨书西夏文题记和梵文字。

这两座雄伟壮丽、多彩纷呈的艺术珍品，既综合了中原佛塔的传统特点，又把绘画和雕刻艺术紧密结合，构成了一道靓丽的古建筑风景。

【史海拾贝】

传说很久以前，有一年兵荒马乱，山泉枯竭，民不聊生。有一天晚上，在紫石山前拜寺庙里的老增依稀听到有人在半空中说话："此地不可久留"。老和尚出庙观看，只见拜寺庙东西两侧各约50来步远的地方不知何处飞来了两座亭亭玉立的佛塔。老和尚心想，天长日久难耐孤寂，只有钟声为伴，若有这两座塔相陪那该多好！决不能让它们再飞走。于是老和尚心生一计，点着一把火烧伤了东边一塔，西边一塔也就留下来了。因而得名"飞来的"拜寺双塔。此后这里风调雨顺，五谷丰登，六畜兴旺。

佛塔

宗教建筑

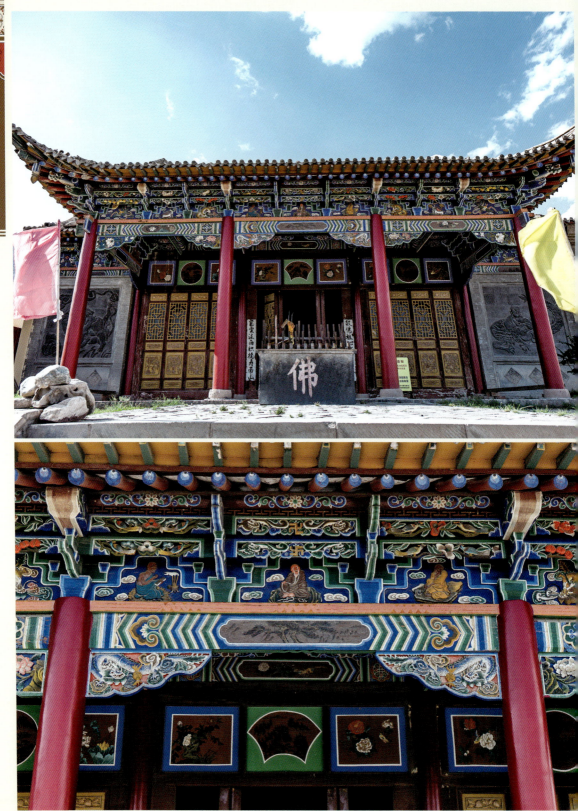

佛塔

浙江杭州六和塔

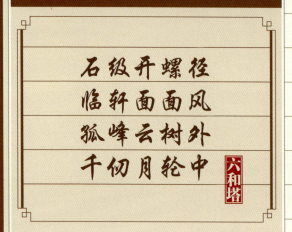

石级开螺径
临轩面面风
孤峰云树外
千仞月轮中

六和塔

六和塔位于杭州西湖之南，是一座始建于宋代的汉族古建筑。六和塔外部木结构为八面木檐十三层，高59.89米，塔内只有七层，建造风格非常独特。塔的内部有六层是封闭的，七层与塔身的内部相通，自外及里，塔可分外墙、回廊、内墙和小室四个部分，形成了内外两环。六和塔中的须弥座上有二百多处砖雕，砖雕的题材丰富，造型生动，是我国古代建筑艺术的杰作。

历史文化背景

六和塔是一处始建于宋代的汉族古建筑。位于西湖之南，钱塘江畔月轮山上，开化寺内。北宋开宝三年（970年），僧人智元禅师为镇江潮而创建，取佛教"六和敬"之义，命名为六和塔。宋徽宗宣和三年（1121年），六和塔毁于兵燹，几乎片瓦无存，塔院也被破坏殆尽。到了南宋绍兴二十二年（1152年），高宗赵构因见钱塘江潮捣堤坏屋，侵毁良田，为患甚烈，便命有关官员预算费用，决定重建六和塔。这时，僧人智昙挺身而出，愿"以身任其劳，不以丝毫出于官"。他不但将自己的财物倾囊奉献，还历经艰辛，四方募化筹集资金，当地官吏富户和众多善男信女为智昙的精诚所感动，纷纷尽力支持，百姓"虽远在他路，亦荷担而来"，出资出力。如此前后历时十余年，至隆兴元年（1163年）仲春，新塔五层告成，岁末全部完工。这次重建的六和塔共有七层，规模上虽然比塔初建时略有收缩，但依然庞大富丽，而精整坚固则超过旧构，在浙江佛塔中规制、造型和功能都堪称首屈一指。

元朝元统年间（1333-1335年），六和塔曾因年久破败而作修缮。明嘉靖十二年（1533年），倭寇入侵杭州，腾腾烽烟劫火中，六和塔的木结构外檐已完全烧毁，只余砖构塔身。明万历年间（1573-1620年），佛门净土宗著名高僧袾宏（莲池大师）主持大规模重修六和塔，塔的顶层和塔刹加以重建，还调换了塔身部分中心木柱下面的礩石构件。清朝雍正十三年（1735年），世宗允胤认为这座古塔关系到国计民生，下诏特拨国库帑金，命浙江巡抚李卫再作大规模修整，前后历时两年才竣工。

清乾隆十六年（1751），高宗弘历南巡到杭州，两次专游六和塔，还赋写诗章数篇，并在塔前牌坊上题写了"净宇江天"四字；又取佛学寓意，在六和塔一到七层上各赏赐御书四字匾额，名曰：初地坚固、二谛俱融、三明净域、四天宝纲、五云覆盖、六鳌负载、七宝庄严。当时，不但六和塔的各项设施都得到了恢复，而且还有所增益。开化寺香火的规模当然也今非昔比，一时间，香火鼎盛，人声喧沸，可以说是六和塔历史上又一中兴盛大时期。清朝道光、咸丰年间，六和塔又因天灾人祸而日渐破损，外部木结构部位甚至败落无存，颓败朽衰持续了将近五十年。直到光绪二十五年（1899年），杭州人朱智，在捐资修筑钱塘江堤坝的同时，更以余财重修六和塔。经过这次修缮，六和塔的状貌基本定型下来了。

建筑特色

六和塔外部木结构为八面木檐十三层，高59.89米，外形雍容大度，气宇不凡，塔身自下而上塔檐逐级缩小，塔檐翘角上挂了104只铁铃。檐上明亮，檐下阴暗，明暗相间，从远处观看，显得十分和谐。

六和塔的建造风格非常独特，外看十三层，塔内只有七层。塔的内部有六层是封闭的，七层与塔身的内部相通，自外及里，塔可分外墙、回廊、内墙和小室四个部分，形成了内外两环。内环是塔心室，外环是厚壁，回廊夹在中间，楼梯置于回廊之间。外墙的外壁，在转角处装设有倚柱，并与塔的木檐相联接。墙身的四面开辟有门，因为墙厚达4.12米，故而进门后，就形成了一条甬道，甬道的两侧凿有壁龛，壁龛的下部做成须弥座。穿甬道而过，里边就是回廊。内墙的四边也辟有门，另外的四边凿有壁龛，相互间隔而成。内墙厚4.20米，故而每个门的门洞内，也形成了甬道，甬道直通塔中心的小室。壁龛的内部镶嵌有《四十二章经》的石刻。中心的小室原来是为了供奉佛像而设的，为仿木建筑，制作讲究。六和塔所有壸门的造型，线条流畅，圆润美观，是南宋时期典型的做法。

六和塔中的须弥座上有200多处砖雕，砖雕的题材丰富，造型生动，有斗奇争艳的石榴、荷花、宝相，展翅飞翔的凤凰、孔雀、鹦鹉，奔腾跳跃的狮子、麒麟，还有昂首起舞的飞仙等等。构思精巧，结构奇妙，是我国古代建筑艺术的杰作。

【史海拾贝】

传说古代钱塘江里的龙王十分凶暴，经常兴风作浪，淹没家田，百姓遭殃。渔童六和的父亲也被江潮淹死，母亲被卷走，六和万分悲痛，整日投石镇江，震得水晶宫摇晃不定。龙王只好求饶，以金银财宝与六和讲和。六和提出：一要放回母亲；二不许潮水祸害百姓。龙王无可奈何，只得答应。从此，钱塘江潮水不再泛滥，人民过着安居的生活。人们为了感激六和，就在他投石的小山上建了一座塔，这就是六和塔。

佛塔

佛塔

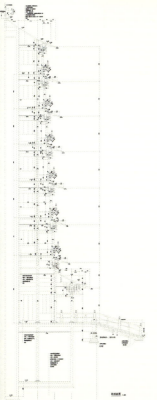

太平华
Peace Flowers

407

佛塔

佛塔

江西南昌绳金塔

古塔峻峥万象蟠
西山如鹫捧危栏
双树影回平野暮
百铃声彻大江寒

绳金塔

绳金塔始建于唐代，是南昌市最高的古建筑。该塔为中国江南典型的砖木结构楼阁式塔，塔高50.86米，塔身为七层八面，青砖砌筑，平面为内正外八边形，其朱栏青瓦，墨角净墙及鉴金葫芦型顶，有浓厚的宗教色彩。悬挂铜铃的飞檐十分飘逸。绳金塔古朴秀丽，显示了中国古代汉族劳动人民的聪明智慧和高超的建筑技艺。

历史文化背景

位于江西省南昌市西湖区绳金塔街东侧，原古城进贤门外的绳金塔，是南昌市最高的古建筑，登上塔顶，可鸟瞰全市。该塔始建于唐天祐年间（904-907年），自唐代始建至今，绳金塔历经沧桑，屡兴屡毁。

第一次重建是在元末明初，当时陈友谅与朱元璋大战南昌，绳金塔毁于兵火之中，明朝建立后，洪武元年（1368年）重建。

第二次重建于清康熙五十二年（1713年），因塔体长期失修而"全仆于地，无一瓦一椽存矣"，在巡抚冬国襄的主持下重建。清康熙四十七年（1708年）塔圮，五十二年（1713年）重建，后数次修缮。

此后乾隆四年（1739年），乾隆二十年（1755年）、道光二年（1822年）、同治七年（1868年）多次重修，光绪二十二年（1886年）塔遭雷击起火，部分木质结构被焚，今塔为同治七年（1868年）修建。此后又经20世纪60年代劫难，整座塔仅存砖砌塔体及葫芦形塔刹。

1985年，国家文物局、省、市人民政府拨款修复绳金塔。自1989年维修后，历经十余年，自然损坏较为严重，由于当时木材未经防腐处理，木构件被雨水、潮湿等侵蚀而糟烂，有的被虫蛀、蚁啃而空朽，镏金铜皮（塔刹）锈损，油漆斑驳、脱落，砖石风化。2000年6月，在南昌市委市政府领导的关心重视下，在社会各界的资助下，绳金塔重焕勃勃生机。

南昌有民谣道："滕断葫芦剪，塔圮豫章残"，意为如果滕王阁和绳金塔倒塌，豫章城中的人才与宝藏都将流失，城市亦将败落，不复繁荣昌盛。绳金塔素有"水火既济，坐镇江城"之说，是南昌人的镇城之宝。

建筑特色

绳金塔为中国江南典型的砖木结构楼阁式塔，塔高50.86米，塔身为七层八面（明七暗八层），青砖砌筑，平面为内正外八边形，其朱栏青瓦，墨角净墙及鉴金葫芦型顶，有浓重的宗教色彩，飘逸的飞檐上悬挂铜铃（按照制作古代编钟的工艺，重新铸造风铃，七层七音）。葫芦铜顶金光透亮，整个建筑古朴无华。塔身每层均设有四面真门洞、四面假

门洞，各层真假门洞上下相互错开，门洞的形式各层也不尽相同。第一层为月亮门；第二、三层为如意门；第四至七层为火焰门，三种拱门形式集于一塔，这种做法是不多见的。它古朴秀丽，具有江南建筑的典型艺术风格，它是历史信息的载体，是古代汉族劳动人民智慧的结晶。

绳金塔层层"飞檐翘角，铜铃高挂"，"双树影回平野暮，百铃声彻大江寒"（明、吴国伦吟绳金塔诗）。绳金塔风铃每层一个音阶，七层七音，微风吹过，悦耳动听。

塔刹高3米，最大直径1.75米，内以樟木构架为胎，外钉2-3毫米厚镏金铜皮。塔刹各部位尺寸比例匀称，线条柔和流畅，在江南民间的诸多宝塔中，像这样的格局也是不多见的。塔以须弥座为塔基（基础仅深60厘米），历经近300年未见严重沉陷和倾斜，这与我们现代建筑基础处理大相径庭。绳金塔内旋步梯直通其顶层，直视湖山千里道，"下窥城郭万人家"（明、王直诗），是南昌仅存的高层古建筑，显示了中国古代汉族劳动人民的聪明智慧和高超的建筑技艺。

【史海拾贝】

相传，古时候的南昌是个水乡泽园。素有"木排之地"之说。常有蛟龙精作怪，闹风、水、火三灾，称为"三害"。被三害夺去生命的人不计其数。当时豫章郡牧刘太守，为了安抚百姓，开仓赈灾并贴榜招贤治理三害。

却说进贤门外一老人，姓金名牛根，生性聪明，略通文墨。以搓牛绳为生，独生儿子丧生于四十年前的火灾之中。金老头立志誓除三害,造福子孙。便一边搓牛绳,一边研究天文地理知识。三年的时间跑遍七门九州十八坡,走遍了三街六市和所有的里巷,考察了三湖九津的地形地势,绘制了豫章地理图和治水图,但仍然没有找到一个适合的除害方法。

一天,金牛根梦一高僧,用禅杖在他家菜地重敲三下,说:"进贤门外,吾佛重地,水火既济,坐镇江城,在此建一塔,便永保平安。"老人立即挖地三尺得铁函一只,函内有金绳四匝;古剑三把,每一剑柄上镂刻着两个字:"驱风","镇火","降蛟";金瓶舍利三百个;竹简一块,上面刻着二十个字的偈语:"一塔镇洪州,千年不漂流。金绳勾地脉,万载永无忧。"

次日,金老头便揭榜献策,太守便命人破土动工造塔。经过三年的时间,一座十七丈高,方圆十丈另八尺的七层宝塔和塔下寺终于建成。那四根金绳在塔基底下伸向东、西、南、北四个方向,勾锁地脉;那三把宝剑高悬在法华殿上;那净重六十两的金瓶和金老头捐的四两黄金一起溶镀在塔顶上;那三百粒珍珠镶嵌在佛台上。

因金老头搓绳献金,挖地又挖到金瓶、金绳,所以就命名为"绳金塔"。正门牌楼上高悬"永镇江城"烫金牌匾,往里看,很通透,一眼能见金塔首层大书一副对联:"深夜珠光浮舍利,半空金色见如来"。寓意此塔黄金浇顶,内藏三百粒佛陀舍利。

宗教建筑

佛塔

佛塔

宗教建筑

宗教建筑

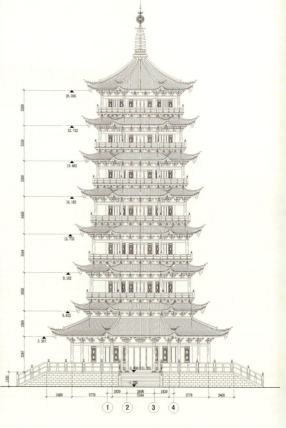

佛塔

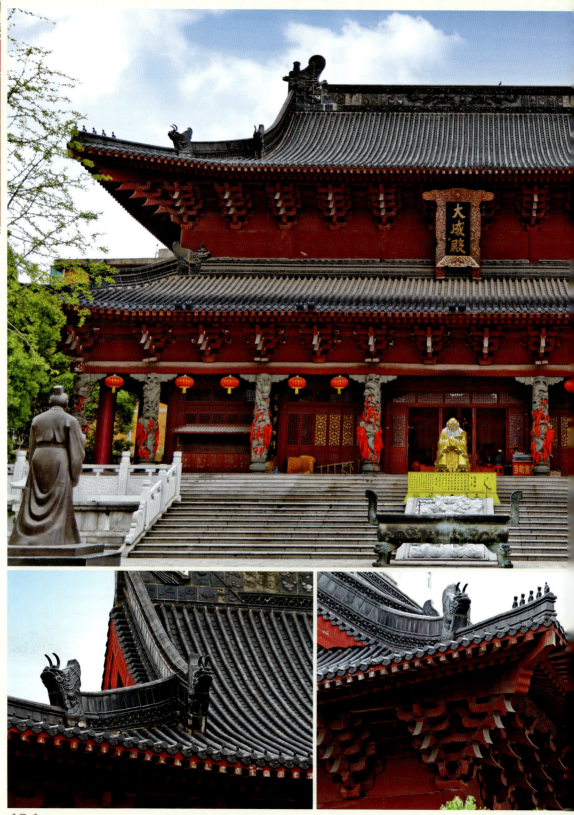

佛塔

参考资料

[1] 曹昌智. 中国建筑艺术全集 12—佛教建筑（北方）[M]. 北京: 中国建筑工业出版社, 2000.
[2] 曹昌智. 中国建筑艺术全集 13—佛教建筑（南方）[M]. 北京: 中国建筑工业出版社, 2000.
[3] 陈允适. 古建筑木结构与木质文物保护 [M]. 北京: 中国建筑工业出版社, 2007.
[4] 邓晓琳. 宗教与建筑（上）[J]. 同济大学学报（人文社科版）, 1996, (5): 29-33.
[5] 邓晓琳. 宗教与建筑（下）[J]. 同济大学学报（人文社科版）, 1996, (11): 14-18.
[6] 段玉明. 中国寺庙文化 [M]. 上海: 上海人民出版社, 1994.
[7] 龙燕. 中国佛寺建筑装饰之色彩研究 [D]. 湖北工业大学, 2008.
[8] 浦文成. 甘青藏传佛教寺院 [M]. 西宁: 青海人民出版社, 1990 年.
[9] 谈士杰. 岷州佛教寺院及其相关问题的探讨 [J]. 西北民族学院学报, 1994 年.
[10] 吴均. 论明代河洮峨的地位及其三杰 [J]. 青海民族学院学报, 1989 年第 4 期.
[11] 王连胜. 普陀山揽胜 [M]. 上海: 上海古籍出版社, 1986.
[12] 严永孝. 甘南藏区藏传佛教的寺院文化研究 [J]. 北民族大学优秀硕士论文, 2007 年.
[13] 张驭寰. 图解中国佛教建筑 [M]. 当代中国出版社, 2012.
[14] 张驭寰. 中国佛教寺院建筑讲座 [M]. 北京: 当代中国出版社, 2008.
[15] [清] 张廷玉. 明史·西域传三 [M]. 上海: 古籍出版社, 1986 年.
[16] 张义浩. 普陀山寺院建筑、摩崖艺术与佛教文化 [J]. 浙江海洋学院学报（人文科学版）, 2000, (02).
[17] 智观巴·贡却乎丹巴饶吉. 安多政教史 [M]. 甘肃: 甘肃人民出版社, 1989 年.

索引

左侧条目

宁夏银川拜寺口双塔
西夏中晚期
P390

湖北十堰武当山宫观
周朝
重修于明永乐十年（1412年）
P326

宁夏银川海宝塔
后秦（384年~417年）
重修于清乾隆四十三年（1778年）
P374

西藏拉萨小昭寺
641年
P82

西藏山南康松桑康林寺
公元8世纪晚期
P186

江西南昌绳金塔
唐天祐年间（904~907年）
重修于洪武元年（1368年）—清康熙五十二年（1713年）—乾隆四年（1739年）—乾隆二十年（1755年）—道光二年（1822年）—同治七年（1868年）
P412

浙江杭州六和塔
北宋开宝三年（970年）
重修于南宋绍兴二十二年（1152年）—元朝元统间（1333~1335年）—明万历年间（1573~1620年）—光绪二十五年（1899年）
P398

山西应县释迦塔
辽清宁二年（1056年）
P364

西藏山南扎塘寺
1081年
P194

西藏拉萨楚布寺
1189年
P70

青海黄南隆务寺
元朝大德五年（1301年）
重修于明宣德年间（1426年前后）
P228

西藏拉萨甘丹寺
明永乐七年（1409年）
P54

西藏江孜县白居寺
1418年~1436年
P112

西藏昌都强巴林寺
明英宗正统二年（1437年）
P122

青海西宁塔尔寺
明代中晚期（1500~1644年）
P204

青海西宁却藏寺
清顺治六年（1649年）
P248

中间时间轴

- 西夏中晚期
- 周朝
- 周朝
- 西晋咸宁二年
- 后秦
- 唐贞观年间
- 641年
- 647年
- 公元8世纪晚期
- 762~775年
- 904~907年
- 宋朝
- 北宋开宝三年
- 1055年
- 北宋熙宁六年
- 1073年
- 1081年
- 1179年
- 1189年
- 公元14世纪
- 元朝大德五年
- 明代永乐年间
- 明永乐七年
- 1416年
- 1418~1436年
- 1419~1434年
- 1437年
- 1447年
- 明代中晚期
- 1614年
- 清顺治六年

右侧条目

四川成都青羊宫
周朝（约公元前1046~前249年）
重修于清康熙六至十年（1667~1671年）
P292

江苏苏州玄妙观三清殿
西晋咸宁二年（276年）
重修于绍兴十六年到醇熙六年（1146~1179年）
P348

北京火德真君庙
唐贞观年间（627~649年）
重修于元至正六年（1346年）—明万历三十三年（1605年）—清朝顺治八年（1651年）—乾隆二十二年（1757年）
P260

西藏拉萨大昭寺
唐贞观二十一年（647年）
P22

西藏山南桑耶寺
762~775年
P160

陕西西安八仙宫
宋朝
P276

西藏拉萨卓玛拉康
北宋皇祐七年（1055年）
重修于1930年
P94

西藏日喀则萨迦寺
北宋熙宁六年（1073年）
P150

西藏拉萨止贡提寺
1179年
P104

西藏山南昌珠寺
公元14世纪
P174

上海城隍庙
明代永乐年间（1403~1424年）
P312

西藏拉萨哲蚌寺
1416年
P42

西藏拉萨色拉寺
明永乐十七年（1419年）—明宣德九年（1434年）
P32

西藏日喀则扎什伦布寺
1447年
重修于1600年
P142

西藏拉孜平措林寺
1614年
P134

图书在版编目（CIP）数据

中国古建全集.宗教建筑.3/广州市唐艺文化传播
有限公司编著.--北京：中国林业出版社，2018.1

ISBN 978-7-5038-9220-2

Ⅰ.①中… Ⅱ.①广… Ⅲ.①宗教建筑－古建筑－建
筑艺术－中国 Ⅳ.① TU-092.2

中国版本图书馆 CIP 数据核字 (2017) 第 184597 号

编　　著：广州市唐艺文化传播有限公司
策划编辑：高雪梅
流程编辑：黄　珊
文字编辑：张　芳　　王艳丽　　许秋怡
装帧设计：陈阳柳

中国林业出版社·建筑分社
策　　划：纪　亮
责任编辑：纪　亮　　王思源

出版：中国林业出版社（100009 北京西城区德内大街刘海胡同 7 号）
网站：lycb.forestry.gov.cn
印刷：北京利丰雅高长城印刷有限公司
发行：中国林业出版社
电话：（010）8314 3518
版次：2018 年 1 月第 1 版
印次：2018 年 1 月第 1 次
开本：1/16
印张：26.75
字数：200 千字
定价：198.00 元
全套定价：534.00 元（3 册）